城市社区养老服务设施
建筑设计图解

程晓青　吴艳珊　秦岭　李佳楠　著

华龄出版社

责任编辑：薛　治

责任印制：李未圻

图书在版编目（CIP）数据

城市社区养老服务设施建筑设计图解 / 程晓青等著 . —北京：

华龄出版社，2021.1

ISBN 978-7-5169-1879-1

Ⅰ.①城…　Ⅱ.①程…　Ⅲ.①老年人住宅—建筑设计—

图解　Ⅳ.① TU241.93-64

中国版本图书馆 CIP 数据核字（2021）第 000593 号

书　　名：城市社区养老服务设施建筑设计图解

作　　者：程晓青　吴艳珊　秦岭　李佳楠　著

出版发行：华龄出版社

地　　址：北京市东城区安定门外大街甲57号　　　　邮　编：100011

电　　话：（010）58122255　　　　　　　　　　传　真：（010）84049572

网　　址：http://www.hualingpress.com

印　　刷：北京市大宝装潢印刷有限公司

版　　次：2021年7月第1版　2021年7月第1次印刷

开　　本：889mm×1194mm　1/16　　　　　　　　印　张：16

字　　数：200千字

定　　价：78.00元

前　言

根据第七次全国人口普查，截至2020年，我国60岁以上老年人口数量已达2.64亿，占总人口的18.7%。随着人口老龄化程度的日益加深，我国近年来正在加紧构建和完善居家为基础、社区为依托、机构为补充、医养相结合的多层次养老服务体系。家庭和社区是老年人最主要的居住生活场所，承载着九成以上老年人的养老服务需求，需要建设大量的社区养老服务设施。自进入"十三五"以来，社区养老服务设施已经成为我国养老服务设施的建设重心，在全国各地呈现出蓬勃发展的态势。然而，因为目前我国关于社区养老服务设施的研究和实践还处于起步阶段，无论是系统的理论研究还是优秀的设计案例都较为匮乏，因此本书致力于梳理并建立社区养老服务设施建筑设计的知识体系，为未来的设计实践提供理论知识和参考案例。

本书所关注的社区养老服务设施系指立足于社区、为居家老年人提供综合性养老服务的设施。不同于一般意义上的养老机构和老年公寓，社区养老服务设施具有扎根社区、小规模、多功能等特点，是数量最多、分布最广、也最贴近老年人的基层养老服务设施。本书重点探讨社区养老服务设施的建筑设计，涉及区位选址、建筑布局、室内空间、室外环境、家具设备等方面，以期为相关从业人员提供指导和参考。

笔者团队涉足老年建筑研究领域20年，在社区养老服务设施建筑设计领域承担了多项国家级和省部级科研课题以及国家、行业和团体标准的编制工作，主持设计并建成了多个社区养老服务设施项目，通过参与普查研究和专题研究等方式调研国内社区养老服务设施数百家，并赴日本、德国、美国、荷兰、意大利等国家考察社区养老服务设施建设经验，为本书的写作积累了丰富的素材和宝贵的经验。

本书定位为一本专业参考书兼教科书，主要供政府部门、建设单位、设计单位和运营服务单位中从事社区养老服务设施建设、设计、运营和管理等工作的人员参考，同时也适合学生和其它感兴趣的人士阅读。

在写作方面，本书力求兼顾专业性与通俗性，一方面搭建了系统的知识体系，在清晰的逻辑框架内系统阐述社区养老服务设施建筑设计的专业知识；另一方面采用了通俗的表达方式，希望通过图文并茂、深入浅出的形式，传递社区养老服务设施建筑设计的关键理念，让此前不具备相关专业背景的读者也能理解掌握相关知识。

本书内容共分为5篇、19章，篇章内容概述如下：

整体概述篇（1-5章）：介绍了社区养老服务设施的发展建设背景、整体定位、设计原则、关键设计理念、工作组织及功能配置。

规划选址篇（6-7章）：阐述了社区养老服务设施建筑在区位选址、场地规划等方面的设计要点。

空间设计篇（8-15章）：总结了社区养老服务设施建筑在空间布局、流线组织、室内设计、设施设备、外观形象和室外环境等方面的设计要点。

专题研究篇（16-18章）：探讨了认知症友好化设计、既有建筑改造、新技术应用等专题视角下，社区养老服务设施的设计要点。

案例分析篇（19章）：分析了国内外若干不同规模、不同类型的社区养老服务设施优秀设计案例。

全书共12万字，各类插图580幅，写作出版过程历时2年。在写作过程中，编写团队付出了很大的努力，本书是团队全体工作人员共同努力的劳动成果。同时，我们也得到了各界的帮助，感谢北京市养老服务职业技能培训学校对本书写作的大力支持，感谢北京精民社会福利研究院、北京大学乔晓春教授团队的关怀与鼓励，感谢由清华大学周燕珉教授、尹思谨教授和程晓喜教授，北京大学武继磊教授，北京建筑大学林文洁教授，北京枫华老年互助资源中心理事长马乃篪组成的专家组对本书编写给予的指导。感谢为本书成果付出心血的所有人！在本书付梓之际，谨代表图书编写团队向所有给予本书写作以帮助和支持的各界人士表示衷心感谢！

我国正处在社区养老服务设施快速发展建设的阶段，相关的设计理念和方法也在持续更新迭代，本书内容为现阶段的经验总结，如有错漏之处敬请各位读者朋友不吝批评指正。

笔者

2021年5月于清华园

目录
Contents

1. 社区养老服务设施的发展建设背景

　　截至2020年底，我国60岁以上的老年人口已达2.64亿，占全国人口总数的18.7%[①]。随着人口老龄化程度的日益加深和高龄、失能老人数量的不断增加，家庭和社会面临的老年人照护压力正在持续加重。近年来，国家连续出台政策，建立和完善"居家为基础、社区为依托、机构为补充、医养相结合"的养老服务体系（图1.1），满足多元化的养老服务需求，特别是在社区层面，陆续发展建设了一批社区养老服务设施。

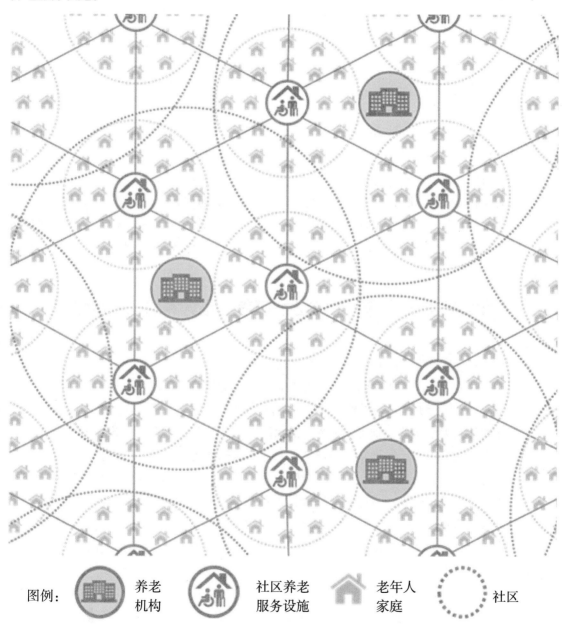

图例：　🏢 养老机构　　🏠 社区养老服务设施　　🏠 老年人家庭　　⭕ 社区

图1.1　我国养老服务体系与配套设施结构示意图

① 数据来源：第七次全国人口普查。

1.1　居家养老和社区养老是我国最主要的养老居住模式

在我国的养老服务体系中，居家养老和社区养老占据基础地位。

从政策制定的角度来看，近十余年来，我国各主要省市已经陆续出台政策，确立了"9073"或"9064"①的养老服务格局，即90%的老年人在社会化服务的协助下通过家庭照顾实现居家养老，6%-7%的老年人通过社区照顾服务实现社区养老，另有3%-4%的老年人通过入住养老服务机构实现机构养老，这意味着有96%-97%的老年人将在自己的家中或所居住的社区度过晚年生活。

从需求意愿的角度来看，第四次全国老年人生活状况抽样调查数据显示，有需要时，超过95%的老年人更愿意在家中或在社区接受照料护理服务，这与国家和地方制定的养老服务格局也是相匹配的。

从国外经验的角度来看，日本、美国、欧洲等发达国家和地区经历了长期的探索与实践，最终都走向了以居家养老和社区养老为重点的发展道路，通过大力发展居家和社区养老服务，帮助更多老年人实现了"原居安老"。

由此可见，无论是国内的政策导向、老年人的需求意愿，还是国外的发展规律都已清晰表明，居家养老和社区养老已经成为，并将长期占据我国最主要的养老居住模式。

1.2　居家老年人对专业社区养老服务的需求日益强烈

对于居家老年人而言，社区养老服务的重要意义日趋显著。

一方面，随着年龄的增长，老年人的各项身体机能会出现不同程度的衰退。其中，感觉机能的衰退会导致老年人对物体、声音、气味等环境要素的感知能力下降，导致他们无法快速识别出环境当中的风险，独自在家生活存在一定的安全隐患；神经系统的衰退会导致老年人的记忆力减退和认知能力下降，在没有他人陪同的情况下容易出现走失等问题；运动系统的衰退会导致老年人的肢体灵活度降低、肌肉力量下降、骨骼变脆，给他们的日常起居和家务劳动造成困难，容易发生跌倒骨折等事故；而免疫机能的衰退则会导致老年人对环境的适应能力下降，更容易感染疾病……总体而言，身体机能的衰退会给居家老年人的日常生活带来较大的困难和风险，迫切需要通过专业的社区养老服务提供支持。

另一方面，在人口高龄化、家庭小型化、社会少子化发展的背景下，部分老年人已没有条件通过家庭照护的方式实现居家养老。在他们当中，有些是空巢老人，子女不在身边，常常感到孤独寂寞，日常生活需要照顾，希望有他人的陪伴；有些是失能老人，日常生活已无法自理，即便能够与子女共同居住，子女在家庭和工作的双重压力下，也难以很好地满足老年人的照护需求，老年人独自在家存在较大的

① "9073"的养老服务格局是"十一五"期间由上海市探索提出的，随后陆续推广到全国主要省市，并根据属地人口老龄化程度、经济发展水平等因素进行了一定的调整，如北京市就提出了"9064"的养老服务格局。

安全隐患，需要专业的生活照料和护理服务；还有些是患有认知症的老年人，他们的知觉、记忆和思维等认知功能受到了损害，往往难以准确辨别人物和方位，因此在日常生活当中，保证安全、预防走失是认知症老人家庭最为迫切的需求，希望得到有针对性的照护和康复服务。面对居家老年人的复杂需求，家庭照护面临诸多困难，这使得老年人家庭对专业社区养老服务的需求日益强烈。

1.3　现有社区养老服务有效供给缺口大，设施匮乏

调查数据显示，我国社区养老服务尚处于供不应求的状态。老年人对各类社区养老服务的需求量较大，突出体现在上门服务、康复护理、心理咨询、健康教育等方面。然而，实际使用过相关服务的老年人比例却很低，特别是在康复护理、助餐、助浴、老年辅具用品租赁等方面的养老服务有效供给比例不足1%，也就是说，绝大多数老年人的社区养老服务需求并没有能够得到满足，社区养老服务有效供给缺口较大（表1.1）。截至2015年，超过三分之二的[①]社区（村/居）没有配置养老机构、社区老年人日间照料中心等养老设施，与社会需求形成了鲜明反差。

表1.1　社区养老服务的需求和有效供给状况

服务类型	需求比例	有效供给比例
上门看病	38.1%	15.2%
上门做家务	12.1%	1.8%
康复护理	11.3%	0.8%
心理咨询或聊天解闷服务	10.6%	2.4%
健康教育服务	10.3%	4.4%
日间照料服务	9.4%	1.2%
助餐服务	8.4%	0.7%
助浴服务	4.5%	0.4%
老年辅具用品租赁服务	3.7%	0.5%

数据来源：第四次全国老年人生活状况抽样调查（2015）。

1.4　国家和地方大力推动社区养老服务设施建设

我国早在"十一五"期间就提出了居家养老和社区养老的概念，"十二五"期

① 2015年第四次全国老年人生活状况抽样调查数据显示，67.8%的社区（村/居）既没有配置养老机构，也没有配置日间照料中心。

间强调了机构在养老服务体系当中的支撑作用，重点发展机构养老床位，实现了每千名老人30张养老床位的建设目标，"十三五"期间，社区居家养老开始成为我国养老服务体系的建设重点。近年来，各级政府纷纷连续出台支持政策，开展摸底调查，制定建设标准，进行项目试点，大力推动了社区养老服务设施的发展建设（图1.2）。

十一五	十二五	十三五
2008–	2011–2015	2016–2020
概念提出	**增加床位**	**拓展服务+改善环境**
√居家养老和社区养老的概念提出	√指导思想："居家为基础、社区为依托、机构为支撑"	√指导思想："居家为基础、社区为依托、机构为补充、医养相结合"
	√重点发展养老床位建设，目标是在"十二五"末期达到老年人口数的3%	√向建立多层次的养老服务体系转变
		√居家养老和社区养老成为重点发展方向
		√结合老旧小区改造，营建老年宜居环境

图1.2　我国社区居家养老服务体系的发展脉络

2017年，《"十三五"国家老龄事业发展和养老体系建设规划》（国发〔2017〕13号）围绕"健全养老服务体系"确立了"夯实居家社区养老服务基础"的主要任务，提出了大力发展居家社区养老服务、加强社区养老服务设施建设的具体措施，涉及以下方面：

➢ 推动专业化居家社区养老机构发展；

➢ 统筹规划发展城乡社区养老服务设施；

➢ 加强社区养老服务设施与社区综合服务设施的整合利用；

➢ 支持在社区养老服务设施内配备康复护理设施设备和器材；

➢ 鼓励将社区养老服务设施无偿或低偿交由专业化团队运营。

2019年，《国务院办公厅关于推进养老服务发展的意见》国办发〔2019〕5号针对我国现阶段养老服务的"堵点"和"痛点"提出了28条意见，其中涉及社区养老设施的内容包括：

➢ 减轻养老服务税费负担。对在社区提供日间照料、康复护理、助餐助行等服务的养老服务机构给予税费减免扶持政策；

➢ 促进老年人消费增长。城乡社区设立康复辅助器具配置服务（租赁）站点；

➢ 推动居家、社区和机构养老融合发展。支持养老机构运营社区养老服务设施，上门为居家老年人提供服务；

➢ 大力发展老年教育。优先发展社区老年教育，建立健全"县（市、区）—乡镇（街道）—村（居委会）"三级社区老年教育办学网络，方便老年人就近学习；

➢ 落实养老服务设施分区分级规划建设要求。按照国家相关标准和规范，将社区居家养老服务设施建设纳入城乡社区配套用房建设范围。对于空置的公租房，可探索允许免费提供给社会力量，供其在社区为老年人开展日间照料、康复护理、助餐助行、老年教育等服务。

《关于进一步扩大养老服务供给 促进养老服务消费的实施意见》（民发〔2019〕88号）进一步提出了"加强社区养老服务设施建设，确保到2022年配建设施达标率达到100%"的目标。

全国各省市近年来也陆续出台配套支持政策，开展社区养老服务设施建设。以北京为例[①]，自2014年起，经过近5年的发展，已经形成了"街道（乡镇）养老照料中心+社区养老服务驿站"的两级社区养老服务设施体系。其间，针对社区养老服务设施出台了明确的设计标准、服务标准、运营管理规范和扶持政策，将社区养老服务设施建设与老旧小区综合整治相结合，促进宜居环境建设，计划在"十三五"期间实现养老照料中心和社区养老服务驿站的全覆盖。

上海市同样自2014年起开始试点社区养老设施的建设，陆续发展建设了长者照护之家、日间照料中心、社区老年助餐点、护理站/卫生站等多种类型的社区养老设施，并在街镇层面整合资源发展"枢纽式"的社区综合为老服务中心，2020年基本实现全覆盖。

1.5　社区养老服务设施的建设亟须规范化和科学指导

近年来，在政策的大力推动下，我国的社区养老服务设施得到了迅速的发展。但由于这类设施尚属新生的设施类型，发展时间不长，相关研究和实践还较为匮乏，尚未就其建筑设计规范和建设标准形成广泛共识，导致相当数量的实践案例还处在尝试和摸索阶段。

未来一段时间，社区养老仍将是我国养老服务体系建设的重点，还有大量的社区养老服务设施有待建设，为保证建设质量，亟须规范化和科学指导。学界对此类设施给予了高度关注，已加紧开展研究工作，以期对相关设计实践起到指导作用。

1.6　本书定位和目标读者

本书围绕社区养老服务设施的建筑设计展开，希望通过通俗易懂的图解形式，梳理相关的基础知识，明确设施定位，提出设计原则，归纳设计要点，为从事社区养老服务设施设计、建设、运营和管理等相关工作的人员提供参考。

① 2014年，北京市印发《北京市2014年街（乡、镇）养老照料中心建设工作方案》，2016年，印发《关于开展社区养老服务驿站建设的意见》。

2. 社区养老服务设施的定位与特点

社区养老服务设施隶属于老年人照料设施，系指立足于社区、为居家老年人提供综合性养老服务的设施，现有名称还包括"托老所""日托站""老年人日间照料室""老年人日间照料中心"等①。自2017年起，现行国家政策和规范标准中更多采用"社区养老服务设施②"的名称。

目前，全国各地对于社区养老服务设施的命名存在较大差异（图2.1），例如北京将主要提供日间照料等服务的设施称为"社区养老服务驿站"，将主要提供托养服务的社区养老服务设施称为"养老照料中心"；上海市将集托养、医疗和居家服务于一体的社区养老服务设施称为"社区综合为老服务中心"，将主要提供日间照料等服务的设施称为"老年人日间服务机构"，将主要提供托养服务的设施称为"长者照护之家"等。其他城市常用的名称还包括"社区居家养老服务中心/服务站""长者服务中心"等。

为了规范名称，形成共识，本书将上述设施统称为"社区养老服务设施"，下文部分位置简称为"设施"。

通过对全国各地社区养老服务设施的广泛调研，可总结出社区养老服务设施具备的以下几个共同特征。

① 《老年人照料设施建筑设计标准》中将老年人日间照料设施定义为"为老年人提供膳食供应、个人照顾、保健康复、娱乐和交通接送等日间服务（不含住宿）的建筑（房屋或场所），包括托老所、日托站、老年人日间照料室、老年人日间照料中心等"。

② 国发〔2017〕13号《国务院关于印发"十三五"国家老龄事业发展和养老体系建设规划的通知》中提出"加强社区养老服务设施建设"。

| 养老照料中心 | 社区养老服务驿站 | 老年公寓 | 托老所 | 护养院 |

| 邻里中心 | 养老服务中心 | 老年餐厅 | 文体活动中心 | 居家养老服务中心 |

| 老人服务中心 | 综合服务中心 | 文化活动中心 | 居家养老管理服务中心 | 日间照料中心 |

| 社区服务站 | 温馨家园 | 社会福利中心 | 老年活动中心 | 社区卫生服务站（养老相关设施） |

图2.1　名称分类多种多样的社区养老服务设施

2.1 服务定位：面向周边社区老年人提供生活照料服务

社区养老服务设施主要面向周边社区老年人提供养老服务，服务内容以日间照料、助餐、助浴等生活照料服务为主，部分设施还提供长、短期入住服务，有的设施与社区卫生服务中心/站结合建设，但医疗护理服务并非设施的主要服务内容。

社区养老服务设施的服务范围大多限定于周边社区，通过设施内服务和上门服务的形式，为老年人实现"原居安老①"起到重要支持作用。为便于操作和管理，目前大多按照行政区划布局社区养老服务设施，通常情况下每个设施所对应的服务范围是一个或几个社区（村），最大不超过一个街道（乡镇）。

需要说明的是，由于我国城乡地区的人口密度、建设状况、养老服务发展水平差异较大，社区养老服务设施目前更多出现在养老服务需求更为集中的城市社区，本书也主要是在城市社区的环境背景下探讨社区养老服务设施的设计与建设，相关内容亦可供条件成熟的农村和乡镇地区参考。

2.2 服务对象：能力完好和轻、中度失能（含认知症）的老年人

社区养老服务设施的服务对象为能力完好和轻、中度失能（含认知症）的老年人。

能力完好的老年人能够独立完成日常起居活动，但他们当中的很多人平时在家无人陪伴，容易感到孤独寂寞，自己吃饭常常"凑合"，饮食质量也难以得到保证，希望在社区养老服务设施当中获取助餐、文化娱乐等服务，通过参加集体活动加强社会联系，发挥"余热"。因此，在设施当中应为他们提供就餐和活动的空间。

轻、中度失能老人的身体机能存在一定程度的衰退，无法自理完成部分日常生活活动，需要持续的照顾，而他们的子女大多需要上班，或长期在外，仅依靠家庭照护难以满足照护需求，希望在社区养老服务设施当中获得专业的生活照料、助浴、康复等服务，以支持日常生活、减轻家庭照护负担。因此，在设施设计当中应考虑设置日常照护所需要的空间和设施。

轻、中度认知症老人具有一定的认知功能障碍，独自居家生活存在安全隐患，需要社区养老服务设施提供针对性的生活照料和认知康复服务。因此，在设施空间的设计当中需要考虑认知症老人的特殊要求，进行针对性的设计。

相比于以上三类老年人群体，重度失能老人和重度认知症老人需要更加专业化的医疗护理服务，社区养老服务设施的人员、空间和设备条件有限，难以满足他们的照料需求，因此更适合入住具有一定规模和专业人才设备的养老机构。

① 原居安老：译自英语 Aging in Place，指在自己原本生活的、熟悉的居住环境中安度晚年。

2.3　服务内容：可提供多样化的养老服务

　　社区养老服务设施的服务内容以老年人日间的生活照料为主，兼顾托养入住[①]。其中，前者包括接待咨询、膳食供应、日间休息、文化娱乐、保健康复、心理慰藉、个人照顾、辅具租赁、交通接送等在设施中的服务，以及呼叫代办、入户服务、陪同外出等对外服务；后者包括长、短期托养入住服务（图2.2）。结合相关政策法规、实际建成案例和设计实践经验，这里将社区养老服务设施的常见服务内容总结如表2.1所示。需要说明的是，设施的服务内容并非固定不变的，此处列出的是较为普遍的服务内容，供读者参考。随着未来老年人养老需求的发展变化，社区养老服务设施的服务功能还可进行相应调整。

表2.1　社区养老服务设施的服务功能与内容解析[②]

服务功能			内容解析
日间生活照料服务	在设施中的服务	接待咨询	为老年人提供问询、指引、预约、登记等
		膳食供应	为老年人提供餐食和协助就餐
		日间休息	供老年人午间睡眠、日间休憩
		文化娱乐	供老年人开展各类有益于身心健康的文化娱乐活动，如：观影、联欢、学习、会议、棋牌、书画、手工、音乐、舞蹈、上网等
		保健康复	1. 健康指导：为老年人量血压、测血糖，开展健康教育等
			2. 康复护理：协助老年人恢复和重建已经丧失的身体机能
		心理慰藉	陪同老年人聊天交谈，消除其不良情绪，促进心理健康
		个人清洁	1. 助浴服务：协助老年人洗浴、更换衣物等
			2. 个人清洁：为老年人理发、剃须、手足护理、口腔清洁、协助排泄等
		辅具租赁	展示、体验、租售助行、康复等辅助器具等
		交通接送	提供专用车辆接送往来设施的老年人
	对外服务	呼叫代办	响应老年人通过电话、网络、智能终端等提出的需求，为老年人呼叫紧急救助、代购商品、代领物品、代缴费用等
		入户服务	委派人员上门送餐或协助老年人洗浴、保洁、做饭等
		陪同外出	委派人员陪同老年人外出活动、就医等
托养入住			为无人照顾、有托养需求的老年人提供住宿和生活照料

① 社区养老服务设施以提供综合性日间养老服务为主，但是调研显示：在实际运营当中，部分社区养老服务设施还可提供短期托养或长期托养等入住护理服务，并可分为其自设托养入住功能的和老年人照料设施附设日间照料功能的两类。

② 参见《城市既有建筑改造类社区养老服务设施设计导则》T/LXLY0005–2020。

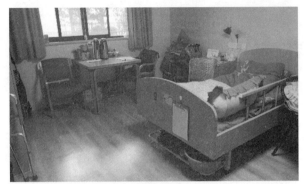

长期托养

日间照料

老年餐桌

棋牌活动

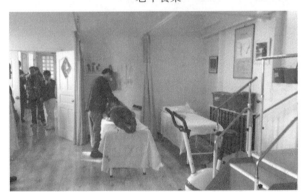

康复护理

舞蹈活动

健康指导

助浴服务

图2.2 社区养老服务设施当中常见的服务与活动形式

2.4　设施类型：包含服务类和入住类设施

通常情况下，社区养老服务设施主要提供综合性的日间养老服务，但是根据社会需求，部分设施还提供入住服务，因此，根据其功能构成，可划分为两类，即服务类设施和入住类设施。其中，服务类设施又可具体划分为综合服务类设施和专项服务类设施。综合服务类设施大多以日间照料为核心服务项目，并提供多种服务，典型代表为北京的社区养老服务驿站；专项服务类设施的服务项目则相对单一，典型代表包括老年活动站、老年助餐点等。入住类设施一般以长、短期托养为核心服务项目，设有养老床位，典型代表为北京的养老照料中心和上海的长者照护之家（图2.3）。

2.5　设置方式：独立设置或与其他社区服务设施共同设置

社区养老服务设施通常需要依托社区的用房和场地进行建设，并满足所属区域老年人的需求，因此在不同社区当中，设施的设置方式存在一定差异，一般可划分为两类：其一为独立设置，即有专门的用房和用地；其二为共同设置，即与其他公共设施共用用房和用地。通过调研发现，目前与社区养老服务设施共同设置的公共设施主要包括社区卫生服务中心/站、社区餐厅、社区服务中心/站和社区会所等。

社区养老服务设施

　　　服务类设施　　　　　　　　　　　　　　　　入住类设施

专项服务类设施　　　　综合服务类设施

典型代表：
·老年活动站
·老年助餐点
·老年助浴室
·……

典型代表
·社区养老服务驿站（北京）
·日间照料中心（上海）
·……

典型代表
·养老照料中心（北京）
·长者照护之家（上海）
·……

图2.3　社区养老服务设施的类型划分

2.6　空间构成：包括室内空间和室外场地

　　社区养老服务设施主要由室内空间和室外场地两部分构成。其中，室内空间包括老年人生活空间、后勤服务空间和交通空间（表2.2）；室外场地包括老年人活动场地、后勤服务场地和交通场地（表2.3）。

表2.2　社区养老服务设施的室内空间构成[①]

类别	用途	空间名称
老年人生活空间	供老年人问询登记、临时休息、暂存物品等	接待区
	供老年人集中取餐、就餐等	就餐区
	供老年人进行各类文娱活动，可包括集体活动、小组活动或个人活动，如：观影、联欢、学习、会议、棋牌、书画、手工、音乐、舞蹈、上网等	多功能活动区
		专项活动区
	供老年人量血压、测血糖，接受服务人员的健康指导，并在其协助下进行康复训练、按摩理疗等，还可体验和试用各类老年人用品及辅具	健康指导区
		康复理疗区
		辅具展示区
	供老年人与服务人员聊天交谈，接受心理辅导	心理慰藉区
	供老年人午间睡眠和日间休憩等	日间休息区
	供老年人在服务人员的协助下进行洗浴	助浴室
	供老年人进行理发、修脚、手足护理等	理发区
		手足护理区
	供老年人如厕、盥洗	公共卫生间
	设置于托养入住区中，供入住老年人就餐、休闲、交流等	入住区起居厅
	设置于托养入住区中，供入住老年人起居、睡眠	老年人居室
	设置于老年人居室中，供入住老年人如厕、盥洗、洗浴、洗衣等	居室卫生间
后勤服务空间	供服务人员加工食物、存放食材、清洁餐具等	厨房
	供服务人员进行分餐、现场售卖等	备餐区
	供服务人员值班管理、文件收纳、更衣休息等，并可设置呼叫服务、安全监控等	办公区
	供服务人员清洗、消毒各类被服和老年人衣物	洗衣区
	供老年人物品、家具设备和服务用品存放	储藏区
	设置于托养入住区中，供服务人员为入住老年人提供生活照料	入住区护理站

[①]　参见《城市既有建筑改造类社区养老服务设施设计导则》T/LXLY 0005–2020。

表2.3 社区养老服务设施的室外场地构成[①]

类别	用途	空间名称
老年人活动场地	供老年人进行室外文体活动,如: 锻炼、休息、交流、种植等	休闲健身区
		绿化景观区
后勤服务场地	供晾晒被服、衣物,并临时存放物品和垃圾	晾晒区
		储藏区
交通场地	供访客车辆、接送车辆、送餐车辆、服务人员车辆等停放	机动车停车场
		非机动车停车场
	供访客车辆、接送车辆临时停靠和老年人上下车	无障碍落客区
	供各类车辆和人员通行	内部道路

2.7 建设方式: 目前以既有建筑改造为主

目前,我国城市中社区养老服务需求最为突出的地区主要是位于城市中心、建成年代较早的既有社区。这些既有社区在早年间的规划设计当中并没有考虑设置社区养老服务相关的用地和用房,因此现阶段主要通过对社区当中或周边的会所、底商、旅馆、办公楼等既有建筑进行改造的方式来建设社区养老服务设施。

2.8 典型案例

下面列举两个社区养老服务设施的实例,分别为综合服务类社区养老服务设施和入住类社区养老服务设施。

① 参见《城市既有建筑改造类社区养老服务设施设计导则》T/LXLY0005-2020。

（1）综合服务类社区养老服务设施：北京西城区大栅栏社区养老服务驿站[1]

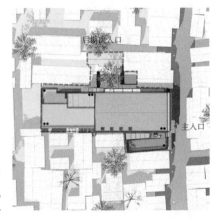

所在地点：北京市西城区大栅栏延寿街

设置方式：独立设置

主要功能：接待咨询、膳食供应、日间休息、文化娱乐、
　　　　　保健康复、心理慰藉、入户服务等

建筑规模：$1116m^2$

建筑层数：2层

建设方式：既有建筑改造

设施简介：

　　本设施位于北京中心城区的大栅栏历史文化街区，由一处既有的菜市场和铺面房改造和翻建而成，外观采用老北京的传统建筑元素，与周边的胡同、四合院相呼应。设施立足社区，面向周边的老年居民提供社区和居家养老服务。设施建筑规模虽然不大，但力求提供尽可能全面综合的服务内容，设有老年人日间照料中心、餐厅、活动厅、多功能厅、医疗康复站、心理慰藉室、生态理疗室、法律援助室、辅具展示租赁室、家政和入户服务办公室等功能空间，是典型的综合服务类社区养老服务设施。其中老年餐厅、活动室等公共活动空间能够实现分时、多功能利用，满足丰富的活动安排需求。

[1] 建筑设计单位：清华大学建筑学院。

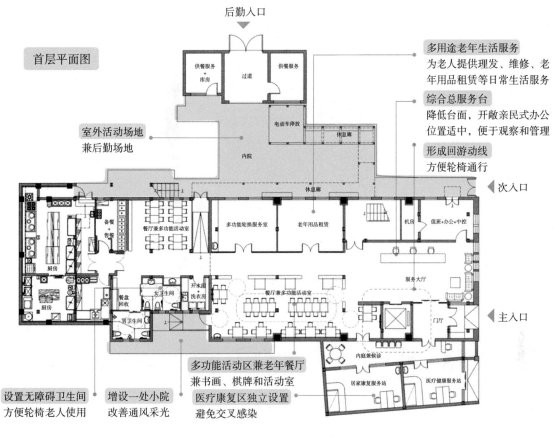

首层平面图

后勤入口

多用途老年生活服务
为老人提供理发、维修、老
年用品租赁等日常生活服务

综合总服务台
降低台面，开敞亲民式办公
位置适中，便于观察和管理

形成回游动线
方便轮椅通行

室外活动场地
兼后勤场地

次入口

主入口

设置无障碍卫生间
方便轮椅老人使用

增设一处小院
改善通风采光

多功能活动区兼老年餐厅
兼书画、棋牌和活动室

医疗康复区独立设置
避免交叉感染

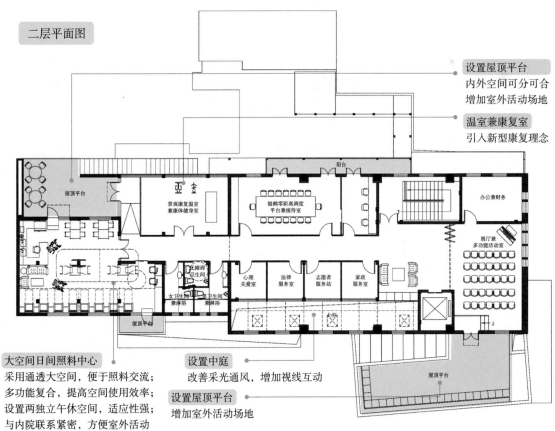

二层平面图

设置屋顶平台
内外空间可分可合
增加室外活动场地

温室兼康复室
引入新型康复理念

大空间日间照料中心
采用通透大空间，便于照料交流；
多功能复合，提高空间使用效率；
设置两独立午休空间，适应性强；
与内院联系紧密，方便室外活动

设置中庭
改善采光通风，增加视线互动

设置屋顶平台
增加室外活动场地

接待厅

餐厅和取餐区

多功能厅

餐厅兼活动厅

生态理疗室和公共走廊

接待厅休息区

屋顶活动平台

生态理疗室兼温室

（2）入住类社区养老服务设施：北京市朝阳区首开寸草亚运村院①

所在地点：北京市朝阳区安慧里
设置方式：独立设置
主要功能：膳食供应、个人照顾、
　　　　　保健康复、入住服务等
服务人数：50床（入住服务）
建筑规模：2300m²
建筑层数：地上4层
建设方式：既有建筑改造
设施简介：

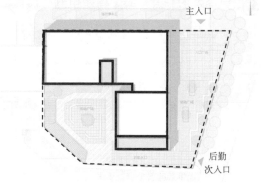

　　本设施紧邻一处成熟的大型社区，由一栋既有的社区配套办公楼改造而成，建筑平面呈"L"形，共有4层。首层主要为公共空间，设置活动厅、餐厅、康复理疗区等公共活动空间，供入住老年人和周边社区老年人用餐和开展公共活动，各个功能区采用开敞的空间形式，可分可合，便于根据活动需求实现灵活划分；此外，首层还设有一处6人的居住组团和机械浴室。2~3层全部居住组团，提供长短期托养服务。居室类型包括单人间和双人间，每层设有22张养老床位。楼层转角处设有护理站和组团起居厅，供入住老人在组团内就餐和活动。4层则为办公区。

① 建筑设计单位：中国建筑标准设计研究院有限公司。

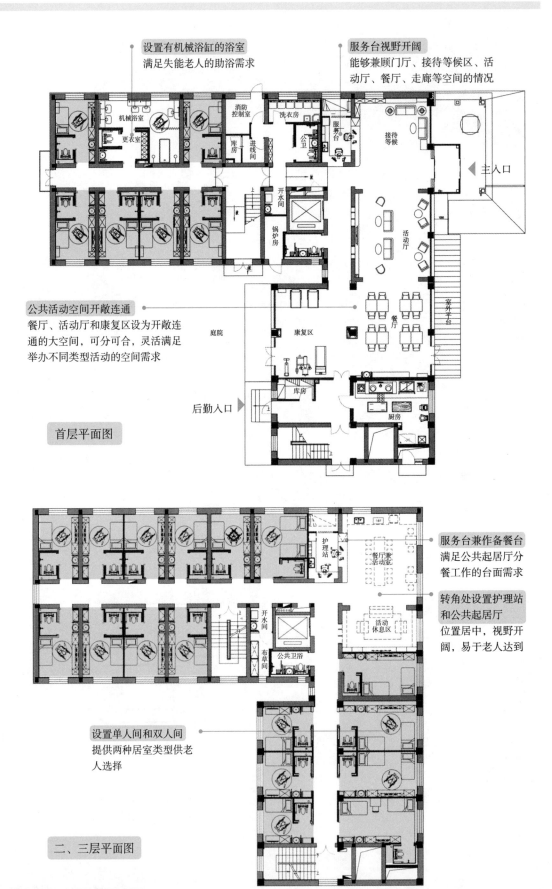

设置有机械浴缸的浴室
满足失能老人的助浴需求

服务台视野开阔
能够兼顾门厅、接待等候区、活动厅、餐厅、走廊等空间的情况

机械浴室
更衣室
消防控制室
洗衣房
公卫
服务台
接待等候
主入口
库房
进线间
开水间
锅炉房
活动厅
室外平台

公共活动空间开敞连通
餐厅、活动厅和康复区设为开敞连通的大空间，可分可合，灵活满足举办不同类型活动的空间需求

庭院
康复区
餐厅

后勤入口
库房
厨房

首层平面图

服务台兼作备餐台
满足公共起居厅分餐工作的台面需求

护理站
餐厅兼活动室

转角处设置护理站和公共起居厅
位置居中，视野开阔，易于老人达到

活动休息区

开水间
布草间
公共卫浴

设置单人间和双人间
提供两种居室类型供老人选择

二、三层平面图

设施主入口

首层门厅

康复区

公共餐厅兼多功能活动室

组团起居厅

组团餐厅及护理站

老人居室

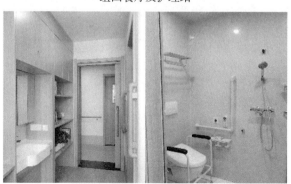

居室入口及卫生间

3. 社区养老服务设施的设计原则与依据

明确社区养老服务设施的设计原则与依据是做好社区养老服务设施建筑设计的基本前提。本章梳理了社区养老服务设施的五个基本设计原则和若干设计依据，供读者参考。

3.1 设计原则

社区养老服务设施的设计应以人为本，从老年人的使用需求和养老服务特点出发，符合安全、健康、便捷、可持续[①]和具有地域特色等五个基本原则，每个原则的具体阐述如下。

● 安全

安全是社区养老服务设施建筑设计的首要原则，具体主要体现在生理和心理两个层面。其中，生理层面的安全主要指设施的空间环境应满足结构安全、消防安全和日常使用安全的相关要求，能够有效避免跌倒、磕碰、坠落等意外伤害事故的发生。心理层面的安全主要指设施空间环境氛围应能为老年人创造安全感，让老年人感到放心、踏实、有依靠、有保障。

● 健康

健康的照料环境对于确保社区养老服务质量具有重要意义。在卫生防疫方面，应严格划分洁污分区和流线，配置必要的清洁和消毒设备，妥善处理垃圾和污染物，有效避免感染发生、控制感染扩散。在建筑物理环境的营造方面，应注重结合老年人的身体特点，对设施室内环境的温湿度、采光照明、空气质量等进行严格控制，确保老年人居住生活的舒适性。在空间环境氛围的营造方面，应注重充分发挥空间环境的疗愈作用，创造健康积极向上的空间体验。

● 便捷

对于老年人而言，社区养老服务设施的空间环境设计应符合老年人的生理、心理和行为特点，满足无障碍和适老化设计要求，充分体现人性化的设计考虑，提供满足老年人各项需求的服务内容。对于工作人员而言，社区养老服务设施的空间设计应满足运营服务的要求，考虑服务动线组织的近便合理，配置必要的员工空间和后勤辅助用房，保证服务质量和效率。

● 可持续

作为一种带有公益福利性质的养老服务设施类型，社区养老服务设施需要平衡好运营成本与服务质量之间的关系，一方面要严格控制运营成本，另一方面又要保

① 可持续是指一种可以长久维持的过程或状态。

证养老服务的品质。因此，在社区养老服务设施的设计当中应充分体现绿色原则，高效利用空间和土地，预留空间变化的灵活性，合理控制能源和资源的消耗，以实现可持续运营。

● 具有地域特色

社区养老服务设施作为社区公共服务设施的一部分，在设计与建设的过程中应遵循因地制宜的原则，充分融入到所属的社区环境当中，面向社区呈现欢迎、开放的姿态，以充分获取社区居民的认同感。在具体空间环境的营造当中，应注意体现社区特有的地域历史文化特色，给社区居民以熟悉感和归属感。此外，这对于提升认知症老人的照护质量尤为重要。

3.2 设计依据

社区养老服务设施的建筑设计应符合国家和地方出台的相关规范标准，具体涉及民政部门出台的服务规范、等级划分与评定标准和政策文件，以及住建部门出台的建筑设计标准和设施建设标准，覆盖设计、运营和评估等多个阶段，举例如下：

● 建筑设计标准和设施建设标准

住建部门出台的建筑设计标准和设施建设标准是社区养老服务设施建筑设计的直接参考依据，主要涉及设计、建设、防火和无障碍等方面，现行标准如表3.1所示。

表3.1　国家层面社区养老服务设施的建筑设计标准和设施建设
标准及其适用范围（截至2020年2月）

标准编号和名称	适用范围
JGJ 450–2018 《老年人照料设施建筑设计标准》	入住类设施符合有关老年人全日照料设施的规定；提供日间照料服务的服务类设施符合有关老年人日间照料设施的规定
GB50016–2014 《建筑设计防火规范（2018年版）》	所有社区养老服务设施均须符合相关规定
GB 50763–2012 《无障碍设计规范》	所有社区养老服务设施须考虑无障碍设计，符合相关规定

此外，很多省市还针对社区养老服务设施的设计和建设制定了地方标准，在项

目实践中需结合项目所在地情况参照相关标准进行设计。

● 服务规范

社区养老服务设施的建筑空间设计应充分考虑运营服务需求。近年来，国家和地方针对机构养老和社区居家养老出台了一系列服务规范（表3.2），相关内容可作为建筑设计的参考依据。

表3.2　国家和地方近年来出台的部分养老服务规范（截至2020年2月）

标准类型	标准编号和名称
国家标准	GB/T 35796-2017《养老机构服务质量基本规范》
地方标准－北京	DB11/T 1598.2-2019《居家养老服务规范》
政策文件－北京	《北京市养老服务机构监管办法》
地方标准－上海	DB31/T 461-2009《社区居家养老服务规范》
地方标准－上海	DB31/T 685-2013《养老机构设施与服务要求》

● 等级划分与评定标准

社区养老服务设施的等级划分与评定结果关乎设施声誉，并可能作为设施享受相关政策待遇的条件，因此非常受到设施运营方的重视。环境和设施设备是养老设施等级划分与评定的考查维度之一，对评定结果具有重要影响，在建筑设计过程中应给予充分考虑。

近年来，国家和地方通过制定标准、出台政策文件等方式形成了养老机构等级划分与评定的标准和要求（表3.3）。在全国层面，GB/T 37276-2018《养老机构等级划分与评定》已于2019年7月1日正式实施，其中"环境和设施设备"在总体评分中的占比为25%。在地方层面，北京、上海、广东等省市已出台相关的地方标准，并开展了多轮的评定工作，"环境和设施设备"同样是评定的侧重点之一。评定细则当中的有关规定可作为建筑设计的参考依据。

目前，大多数养老设施等级划分与评定标准针对的都是养老机构，仅有山西省出台了专门针对社区养老机构的等级划分标准。今后，随着设施数量的不断增多和设施类型体系的不断完善，养老设施等级划分与评定标准也将进一步细分，出现更多针对社区养老服务设施的标准，为设施的设计和建设提供参考。

表3.3　国家和地方出台的部分养老设施等级划分与评定标准（截至2020年2月）

文件类型	编号和名称
国家标准	GB/T 37276-2018《养老机构等级划分与评定》
地方标准－北京	DB11/T 219-2014《养老机构服务质量星级划分与评定》
政策文件－上海	《上海市养老机构等级划分与评定标准》
政策文件－广东	《广东省养老机构质量评价技术规范》
地方标准－山西	DB14/T 1548-2017《社区养老机构等级划分》

● **综合性政策和标准文件**

此外，部分地方的民政部门还通过综合性的政策文件对社区养老服务设施的环境和服务进行了规定（表3.4）。例如，在北京市民政局发布的《社区养老服务驿站设施设计和服务标准》和上海市老龄办发布的《关于加强社区综合为老服务中心建设的指导意见》等文件当中，都对社区养老服务设施的建筑面积、功能配置等提出了具体要求。

需要说明的是，现阶段我国社区养老服务设施的建设仍处于探索阶段，相关规范标准尚存在技术指标有待推敲、灵活适用性不足等问题，有待结合更加广泛的案例实践经验加以修正和完善。因此，社区养老服务设施的建筑设计除了需要满足现行的规范标准外，还应充分调研实际使用需求、考虑未来发展需要。

表3.4　部分综合性政策文件和标准举例

标准类型	编号和名称
国家标准	建标 144-2010《社区老年人日间照料中心建设标准》
政策文件－北京	《社区养老服务驿站设施设计和服务标准》
政策文件－上海	《关于加强社区综合与服务中心建设的指导意见》
政策文件－北京	北京市 2014 年街（乡、镇）养老照料中心建设工作方案
政策文件－北京	关于开展社区养老服务驿站建设的意见
政策文件－北京	支持居家养老服务发展十条政策
政策文件－北京	关于推进老年宜居环境建设的指导意见

4. 社区养老服务设施的十个关键设计理念

　　在社区养老服务设施的建筑设计过程当中，需要做出诸多的选择与决策，它们对设计结果具有重要影响。本部分总结了社区养老服务设施的十个关键设计理念，希望能够引导读者在设计过程中做出更加有利的选择和判断。

4.1　营造无障碍的安全环境

　　无障碍[①]的安全环境是社区养老服务的基本保障，在设施设计当中，应重点关注以下内容。

● 预防老年人跌倒

　　来自全国疾病监测系统的数据显示，跌倒已成为我国老年人因伤致死的首位原因[②]。老年人一旦跌倒，其身体机能、预期寿命和生活质量将受到严重影响。社区养老服务设施作为主要面向老年人的公共服务设施，在设计中应尤其重视预防老年人跌倒事故的发生，采取针对性的空间环境设计策略，杜绝安全隐患。具体措施包括：在走廊、楼梯、卫生间等部位安装扶手，确保老年人在移动过程当中的身体稳定性；选用安全稳定的家具和辅具，保证老年人使用的安全性；保证充足的室内照度，消除眩光和阴影，确保老年人能够看清地面情况；消除门槛和地面高差，以防老年人发生绊倒、踩空等危险事故（图4.1）；采用防滑且具有一定缓冲作用的地面铺装材料，以防老年人滑倒，并在跌倒事故发生时尽可能减轻对老年人身体造成的伤害（图4.2）。

● 预防老年人走失

　　走失是认知症老年人照护当中需要面对的主要安全问题。在社区养老服务设施

①　无障碍是指各类建筑设施和公共空间环境的规划设计均应考虑具有生理障碍者（如残疾人、老年人）的使用需求，配备满足共使用需求的设备辅具。

②　数据来源：全国疾病监测系统死因监测数据集。

图4.1　室内外交接处通过无门槛高差的平坡连接

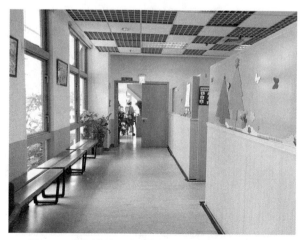

图4.2　地面铺装采用防滑且具有弹性的地胶材料

的设计当中，应注意设置明确的管理控制边界，采取有效的风险防范措施，避免老年人走失的情况发生。一方面，可通过合理的空间设计和必要的门禁系统，避免老年人走失或进入危险区域活动（图4.3）；另一方面，可应用穿戴式设备和智慧管理系统，实时监控老年人的位置和活动状况，及时发现并干预老年人的危险活动（图4.4）。

● 营造无障碍的通行环境

在社区养老服务设施当中，部分老年人由于身体机能衰退行动不便，需要使用轮椅、助行器等辅助器具，服务人员也需要使用移位器、餐车、清洁车、急救床等工具为老年人提供照护服务和紧急救助，因此设施的空间环境应实现无障碍通行，以保证使用的安全便利。具体而言，设施的主要交通空间应保证充足的通行宽度、顺畅的通行流线和无高差的通行路径（图4.5），设置必要的回转空间[①]，通过电梯、无障碍坡道或升降设备解决垂直交通问题（图4.6）。

● 视线和流线可达

社区养老服务设施的空间组织应结构清晰、一目了然，尽可能消除视线屏障，简化交通流线，塑造开放空间。

① 指方便乘轮椅者旋转以改变方向设置的空间。

图4.3 通过门禁系统控制老年人出入设施，避免老年人走失

图4.4 通过智能设备监控认知症老年人的位置和活动状况

图4.5 预留充足的通行宽度，方便助行器械通行

图4.6 设置电梯解决垂直交通问题

在空间界面的处理上，宜采用开放或半开放式的空间界面形式，以及通透的空间界面材料，加强不同空间之间的视线联系，方便老年人观察和了解不同功能空间的方位和使用情况，避免相互冲撞发生危险。

在交通动线的组织上，宜采用简洁顺畅流线，缩短通行距离，提高室内安全性。

● 营造心理安全感

在社区养老服务设施当中，提供接待咨询、膳食供应、文化娱乐、日间休息、辅具租赁等服务的功能空间均适合采用开放式或半开放式布局，以消除封闭空间给老年人带来的压抑感和不安全感（图4.7），增强老年人与服务人员之间的互动，给老年人以"被关注"的感受，提高他们的生理和心理安全感（图4.8）。此外，应在高差边缘、墙面突出物、大面玻璃等关键位置设置安全提示标志，提醒老年人注意潜在风险，营造安全感受。

4.2 促进社会交往

参与社会交往活动是老年人来到社区养老服务设施的主要目的之一。在空间环境的设计当中，例如可从以下几个方面促进社会交往活动的展开。

● 设置丰富多样的社会交往空间

在条件允许的情况下，设施中应尽可能针对不同规模、不同形式的社交活动，提供多样化的社会交往空间。具体而言，社交空间的设计既要考虑大规模的集体活动，又要考虑小范围的小组活动；既要提供开敞的公共交往场所，也要考虑私密的交流角落；既要考虑公共区域内的社交空间，也要考虑组团①内的社交空间；除了室内的社交空间外，有条件时还可设置室外的社交场地。通过多样化的空间设计手法，

① 指在入住类设施中将一定数量的老年人居室集中布置在一起，并配备专用活动空间。

图4.7　公共空间一目了然，给老年人以
安全的心理感受

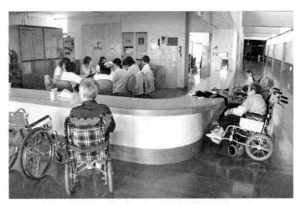

图4.8　围绕护理站设置轮椅老年人活动空间，
给老年人以"被关注"的感受

为丰富的社会交往活动创造空间条件（图4.9）。

● 植入引发话题的特色元素

有条件时，可在设施当中植入一些特色元素，例如能够唤起老年人共同记忆的老照片、老物件，造型别致的艺术品、枝叶茂盛的绿色植物、活泼可爱的小动物等等，从而引发话题，拉近老年人之间的距离，促进交流互动，创造轻松愉悦的空间氛围（图4.10）。

举办大规模集体活动的多功能活动厅

专项活动室

开敞的公共交往场所

私密的交流空间

组团内的社交空间

室外的社交空间

图4.9　不同类型的社会交往活动空间示例

● 营造视觉中心

为了鼓励更多老年人参与到社会交往活动中来，主要的社会交往空间应与周边的室内外活动空间和主要交通空间保持良好的视线联系，营造视觉中心。方便老年人从不同方向观察到正在进行的、有趣的社会交往活动，吸引他们参与其中（图4.11）。

公共区域陈列的老物件

足浴室内的特色雕像

活动空间附近展示的老年人编织作品

庭院内饲养的小动物

图4.10　可供引发话题的特色元素

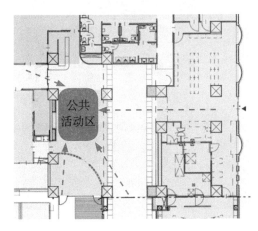

图4.11　将主要社会交往空间布置在视线良好的位置，营造视觉中心

• 部分公共空间可对外开放

社区养老服务设施的餐厅、活动室、便利店等公共空间可面向社区居民开放，为老年人创造与社区居民，尤其是与年轻人和儿童交流互动的机会。通过与社区居民一起购物、共进晚餐、观看文艺演出、辅导小学生完成作业等活动，老年人得以在安全的环境当中继续保持与社会的联系，获得幸福感与成就感（图4.12）。

• 考虑家人朋友的聚会空间

有条件时，社区养老服务设施还可考虑为老年人和来访亲友提供聚会空间（图4.13），设置儿童活动区，或与餐厅、茶室、儿童服务设施等结合设置，以鼓励家人朋友多来探望和陪伴老年人，给他们带来快乐（图4.14）。

餐厅面向周边社区居民开放

活动厅对外开放举办小型演出

沿街立面

面包房

餐厅

杂货店

设施首层的杂货店、面包房和餐厅对外开放

图4.12 社区养老服务设施部分空间面向社区居民开放

图4.13　可供家人聚会的空间

图4.14　设置儿童活动设施

4.3　兼顾公共与私密

社区养老服务设施包含多个空间层级，在设计当中应注意处理好不同空间层级的公共性与私密性。

● 突出活动空间的公共属性

餐厅、活动厅、多功能厅等公共活动空间的设计应尽可能突出其公共属性，布置在方便老年人到达的核心位置，采用灵活开敞的平面布局和通透的空间界面，方便老年人观看和参与其中的活动（图4.15–图4.16）。

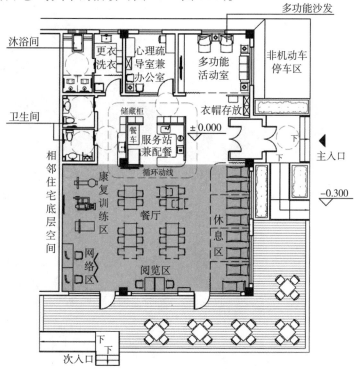

图4.15　将公共活动空间布置在平面中方便易达、通透开敞的核心位置

● 确保居室和卫浴空间的私密性

居室空间和卫浴空间对私密性要求较高，设计时应注意处理好分区和视线遮挡等问题。

有条件时，老年人居室宜采用单人和双人间，以保证个人居住生活空间的私密性，避免相互打扰，提高居住生活品质（图4.17）。需要设置两人以上居室时，可通过拉帘或隔断的形式划分出个人的私密居住空间（图4.18）。

老年人居室内宜设置独立的卫浴空间（图4.19）。设置公共卫浴空间时，厕位、淋浴位间应采取分隔措施，并注意出入口空间的视线遮挡，以保护老年人如厕、洗浴过程中的私密性。近年来，国外养老设施当中的公共卫浴空间呈现出小型化的发展趋势，家庭化、单人化的公共卫浴空间能够为老年人的私密性提供更好的保证（图4.20）。

图4.16　公共活动空间示例

图4.17　单人居室

图4.18　设置有隔断的多人居室

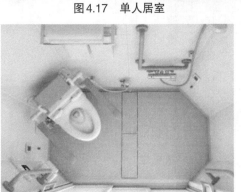

图4.19　老年人居室内的独立卫浴空间

图4.20　小型化的公共卫浴空间

4.4 充分发挥环境的疗愈作用

为了改善老年人的生理、心理状况，在社区养老服务设施中常常要开展有效的机能康复训练，在相应的空间环境设计当中可采用以下做法。

● 设置日常化的康复空间

针对半失能的老年人，可结合设施整体的空间环境，在确保安全的前提下，融入步道、阶梯等康复训练元素，促进他们在日常生活中开展身体机能训练（图4.21–图4.22）。

● 引入寻路系统

为方便老年人，尤其中、轻度认知症老年人准确识别自己在设施空间环境当中的位置，可在设施当中引入寻路系统①，通过特征明显的导向标识和空间节点标志物，辅助老年人辨别空间方位，避免老年人因迷失方向而产生焦虑不安的情绪（图4.23–图4.24）。

● 设置五感康复空间

在空间环境设计当中，可通过融入视觉、听觉、触觉、味觉、嗅觉等五感元素，

① 指可帮助老年人判断所在位置，找到正确路径的设计。

图4.21 利用走廊进行步行训练

图4.22 利用楼梯进行阶梯训练

图4.23 组团入口设置展示橱窗方便老年人辨别空间方位

图4.24 走廊转弯处设置日常家居用品，辅助老年人记忆训练

为老年人提供有益的感官刺激，以延缓感官系统的衰退。在空间形式上，既可以集中设置五感花园或多感官室，也可以将各类感官刺激元素分散布置在设施的各个空间当中（图4.25）。

• 设置有助于唤起老年人记忆的环境元素

在设施当中可布置一些能够唤起老年人记忆的环境元素，这些环境元素可以是一些老照片、老物件，也可以是具有年代特色的生活场景，抑或是直接采用旧时的装修风格。对于老年人而言，这些元素能够唤起他们对往事的回忆，引发交流的话题，促进沟通交流。对于认知症老年人而言，这些元素能够让他们联想到记忆中仅存的熟悉场景，从而降低他们的焦虑感，起到延缓病情的作用（图4.26-图4.27）。

不同材质的叶片（触觉）

流动的水景（听觉、视觉）

可食用的果实（味觉）

多样的植物（嗅觉、视觉）

图4.25　五感康复元素示例

图4.26　某设施中具有老上海风格的公共空间

图4.27　某设施中的怀旧空间

4.5 营造温馨的居家氛围

社区养老服务设施应注重居家环境氛围的营造，应重点关注以下几个方面。

• 消除机构化的空间设计元素

避免采用过度机构化、医疗化[①]的空间设计元素，例如在家具选型方面应避免采用医用护理床和医疗带，而尽可能采用家庭化的家具布置；在走廊设计中避免使用医院病区的电子时钟和宽扶手等，融入情景化的设计元素（图4.28）。

• 营造小尺度、家庭化的组团生活空间

在社区养老服务设施的设计当中，可通过设置小尺度的组团生活空间，营造亲切熟悉的家庭生活氛围（图4.29）。组团规模可根据有效社交人数[②]、运营服务模式、工作人员配比和老年人身体状况等因素综合确定，欧美和日本等发达国家和地区的实践经验表明，每个居住组团的规模以9-10人为宜，最多不宜超过20人；每个日间照料组团的规模不宜超过30人。

① 指具有养老机构或医疗机构特点。
② 指有利于形成熟悉、稳定社会圈的交往人数。

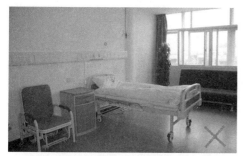

病房般的居室空间容易使老年人产生
冰冷和不自在的感受

家庭化的居室空间更能使老年人
感觉到自由和温馨

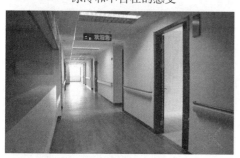

机构化的走廊空间容易使老年人联
想到医院，感到紧张和压抑

情景化的走廊空间更易于营造轻
松愉悦的生活氛围

图4.28 社区养老服务设施当中尽可能避免出现过度医疗化的空间元素

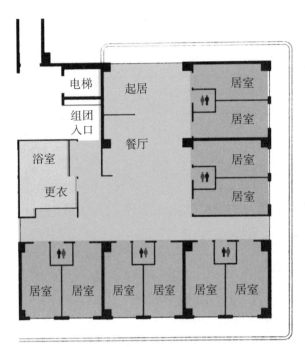

图4.29　小规模居住组团实例

• 采用家居元素营造家庭生活场景

　　社区养老服务设施的空间环境布置宜采用家居元素，营造家庭化的生活场景。例如，可以使用色彩丰富、质地柔软的布艺沙发和座椅，消除冰冷生硬的机构感；设置开敞式的备餐区，让老年人能够观看和参与到饮食制作的过程当中；采用多样化的家用灯具代替整齐划一的公共照明灯具，通过绘画、摆件、相框、器皿、绿植等各式各样的家居饰品烘托家庭生活氛围，为老年人营造熟悉的居家生活感受（图4.30）。

图4.30　通过家居元素营造出的家庭化生活场景

4.6　融入社区服务，倡导功能混合

　　融入社区服务、倡导功能混合是国外社区养老服务设施的重要发展趋势。基于我国城市社区居住人口密度高和建筑密度高的特点，在社区养老服务设施的建设中倡导适度的功能混合更具优势，不但能够丰富社区服务功能，而且有利于节约土地资源，提高空间的利用效率，例如可采用以下做法。

● 设置面向社区开放的服务空间

　　社区养老服务设施可根据其使用面积和周边设施配置情况考虑设置面向社区开放的便利店、餐厅等服务空间（图4.31–图4.32），这一方面有助于补充和完善社区的配套服务功能，另一方面也有助于社区养老服务设施以更加亲切的姿态融入到居民的日常生活当中，成为整个社区环境中有机的组成部分，促进老年人与社区居民的交流。此外，配套服务空间的经营收益还可用于补贴设施的运营开支，可谓一举多得。

● 与其他社区配套服务设施结合设置

　　社区养老服务设施可通过与其他社区配套服务设施结合设置的方式，实现互惠互利和资源共享。例如，社区养老服务设施可考虑与社区卫生服务站结合设置，这样既方便设施所服务的老年人们就近就医、取药，同时也有助于为设施提供保健康复方面的技术指导和空间设备支持（图4.33）。

图4.31　设施与便利店结合设置

图4.32　设施与社区餐厅结合设置

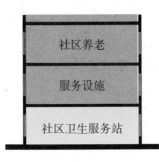

社区养老

服务设施

社区卫生服务站

图4.33　设施与社区卫生服务站结合建设的实例

将社区养老服务设施与社区活动中心、社区餐厅、社区图书馆等结合设置时，可共用部分公共空间，这样既能节约用房面积、提高空间利用效率，又能够为老年人与社区居民提供交流机会，尤其能够促进老年人与年轻人和儿童之间的代际交流，营造良好的社区氛围。

4.7　注重空间的灵活适用

在社区养老服务设施的运营过程中，往往会承载日益丰富的使用功能。然而，受到用地和用房条件限制的影响，社区养老服务设施的规模通常较小，并且往往不可能再为增加的使用功能额外增加使用面积。因此，为了利用有限的空间尽可能满足多样化的使用需求，餐厅、多功能活动区等公共活动空间的设计需注重灵活可变，重点关注以下要点。

● 整合多种活动类型，实现一室多用

一方面，可采用空间分时利用的方法，将不同功能融合在一个空间中，如：餐厅采用可灵活组合的桌椅，用餐时间以外作为文化娱乐空间使用；日间休息采用可转换式床具，午休时间以外作为文化娱乐空间使用。

另一方面，可采用功能定期周转的方法，合并部分功能所需的空间，如：辅具租赁、康复理疗、理发和足部护理可共用一个空间，每日轮流提供不同的服务（图4.34）。

● 空间可分可合，适应各种活动规模

社区养老服务设施当中的餐厅、活动厅、多功能厅等公共活动空间宜集中设置，采用可灵活分隔的大空间形式，通过折叠门、推拉门等可变隔断进行空间分隔，满足大、中、小不同规模活动的使用需求（图4.35）。

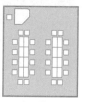
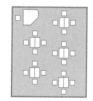

课堂模式　　　　　游戏模式　　　　　讨论模式　　　　　棋牌模式

图4.34　活动区一室多用的设计实例

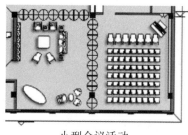
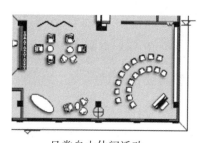
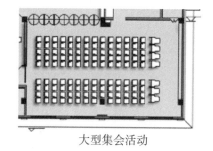

小型会议活动　　　　　日常自由休闲活动　　　　　大型集会活动

图4.35　通过隔断实现活动区的灵活划分，满足不同规模活动的使用需求

● **家具可灵活组合，设置储藏空间**

餐厅、多功能活动区等公共活动空间内应选用方便灵活组合的家具，以满足运动、课程、会议、演出、讨论等不同类型活动时的家具布置需求，同时还要临近布置储藏空间，满足家具的收纳需求（图4.36）。

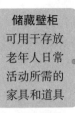

储藏壁柜
可用于存放老年人日常活动所需的家具和道具

座椅形式轻便、稳固、可叠放

桌子便于移动，可折叠、可拼接

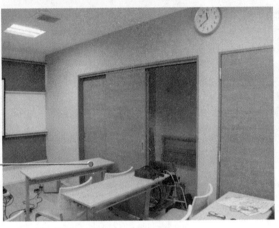

图4.36　多功能活动区采用可灵活组合的家具形式，并设有储藏空间，能够满足不同类型活动的空间布置需求

4.8　鼓励自主生活

生活自主性是反映老年人居住生活质量的重要因素，在社区养老服务设施中，可通过以下空间环境设计策略，鼓励老年人自主生活。

● 鼓励老年人参与空间营造

在设施中设置部分"留白"的空间，供老年人发挥个人创意，参与空间营造。

例如，在设施的公共空间中，可布置展墙或展柜来张贴老年人的书法、绘画和摄影作品，或展出他们的收藏品和自制手工艺品，供其他老年人和来访者欣赏（图4.37）。有条件时，还可预留部分空间，根据老年人的兴趣爱好为他们设置木工室、画室、琴房、陶艺工坊等别具特色的"工作室"，供老年人充分展示个人的才华和创意，丰富他们的日常生活（图4.38）。

又如，可在老年人居室门外设置置物台，供老年人进行个性化的装饰布置，老年人可以在上面摆放自己与家人朋友的合影、具有纪念意义的收藏品，或是自己最喜欢的花卉（图4.39），这样既可以明确标识出老年人的房间，方便识别，又可以作

图4.37　设施公共区域展示的老年人藏品和作品

木工室

画室

图4.38　针对老年人兴趣爱好设置的个性化工作室

图4.39　老年人居室门口的个性化布置

为老年人进行个性化展示的窗口。

　　老年人居室内家具配置满足基本使用需求即可，不宜过满，以便为老年人根据个人喜好自带家具或进行个性化装饰布置留有空间余地（图4.40）。

• 为老年人提供多样化的选择

社区养老服务设施的空间环境设计应尊重老年人的个人意愿，为他们提供多样化的选择。

例如，在就餐空间设计方面，设施可根据自身条件设置公共餐厅、组团餐厅、包间等多种类型的就餐空间，或将餐厅划分为包含单人座、卡座、多人座、包间等特色小空间，为老年人提供多样化的就餐选择。此外，还可考虑设置外卖窗口，满足外带用餐、外卖送餐等差异化需求（图4.41）。

图4.40　个性化布置前后的老年人居室案例

图4.41　多种类型的就餐空间

在公共活动空间设计方面，应尽可能提供多样化的活动空间类型和活动用具，以满足老年人对不同活动内容和活动形式的空间需求。提供丰富的空间层次，设置私人空间、独处空间、可观看他人活动的空间以及集体活动空间，以方便老年人根据自己希望的社交方式选择适宜的活动空间。

在居住生活空间设计方面，宜为老年人提供单人间、多人间、套间等多样化的居室类型，以满足差异化的居住需求。

● 鼓励老年人延续自立生活

社区养老服务设施应鼓励老年人延续自立生活，凭借自己的能力完成穿衣、就餐、盥洗、如厕、行走等日常起居活动，并根据个人意愿参与到力所能及的餐食准备、物品分发等家务劳动当中，以维持身体机能，发挥自身价值。

在空间环境设计中，一方面，应为老年人自主完成日常起居活动提供保障，例如可通过设置扶手和助行器械支持老年人的自主行走；另一方面，应考虑为老年人创造参与家务劳动的机会，例如可通过在组团中设置开敞式的厨房，方便老年人与服务人员一起进行择菜、洗菜和洗碗、分餐等活动（图4.42）。

4.9　为服务人员创造良好的工作体验

在社区养老服务设施中，服务人员发挥着至关重要的作用，他们往往身兼数职，为做好服务工作，每天都需要投入大量的体力和情感，非常值得尊敬。相关研究表明，服务人员与老年人接触的时间越长，对老年人的情况也就越了解，越有助于为老年人提供高质量的养老服务，因此无论是设施还是老年人及其家属都希望能够保持服务人员的稳定性。然而，面对服务人员流失这一养老服务行业普遍存在的问题，

图4.42　设置开敞式的备餐台，为老年人创造参与家务劳动的机会和条件

如何为服务人员创造良好的工作体验，进而为老年人提供满意的养老服务，成为了每个养老设施都需要去思考的问题。这不仅涉及运营管理，良好的空间设计同样能够有所贡献，具体可从以下几个方面进行考虑。

● 重视流线和视线设计

在设施中，良好的流线和视线设计能够为服务人员提供便利，帮助他们提高工作效率、节省体力。

在流线组织方面，应注意缩短护理服务流线。将护理站设置在设施平面相对居中、距离各个被服务空间相对近便的位置，以缩短服务人员往返服务不同老年人的移动距离；将后勤辅助用房集中布置，以尽可能方便服务人员在各个辅助服务用房之间的移动，兼顾多项工作（图4.43）。

在视线设计方面，应注意使服务人员的视线覆盖更多的老年人活动空间。将护理站、服务台等布置在临近老年人主要活动空间且视野良好的位置，并采用开敞的空间形式，方便服务人员尽可能全面地观察到老年人的活动情况，并及时为有需要的老年人提供帮助（图4.44）。

● 为服务人员提供放松休息的空间

服务人员日常工作的强度和压力较大，因此在设施设计当中应考虑为他们提供一处放松休息的空间，使他们在工作间隙感到疲惫或委屈时，能够暂时离开工作环境，稍事休息，或平复一下心情，或接打个电话。休息空间应具有一定的私密性，可设置休

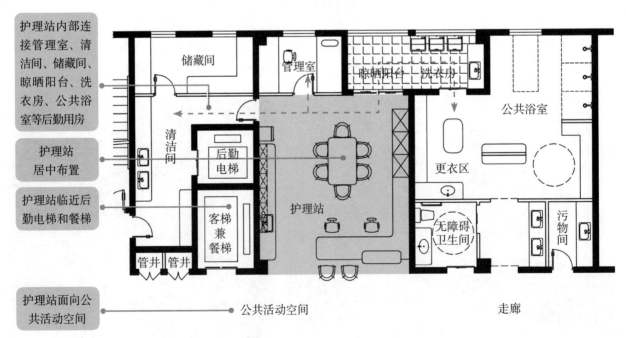

图4.43 集中布置护理站和后勤辅助用房，缩短护理服务流线

息座椅、餐桌和简易备餐台，供服务人员休息、饮水和就餐（图4.45）。

4.10 注重绿色和智慧技术，保持可持续发展

社区养老服务设施的建筑设计应考虑长期的运营使用需求和可持续性，注重采用绿色节能技术减低运营成本，合理应用智能化系统优化服务，并为今后可能出现的技术变革预留发展空间。

• 注重绿色节能环保

社区养老服务属于微利行业，控制运行能耗、节约运营成本是实现可持续运营的关键。

因此在建筑设计中应尽可能充分地利用自然通风采光条件，促进室内空气流动，

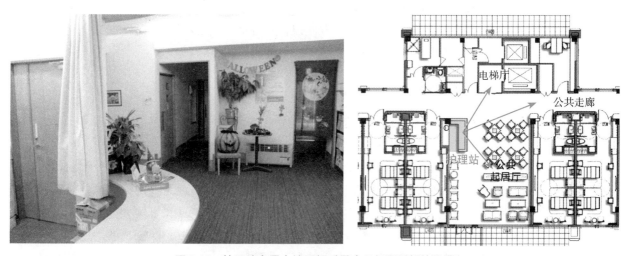

图4.44 护理站布置在楼层相对居中且视野开阔的位置

图4.45 护理人员休息空间

引入更多自然光线；注重外墙和屋面的保温隔热设计，降低空调能耗；应用节能灯、节水龙头等节能节水设备；有条件时，还可考虑设置太阳能集热器和太阳能发电装置，利用清洁能源为设施提供热水和电力。在合理的造价范围内，综合运用各类技术手段，实现设施的绿色节能可持续。

● 应用智能化设备，实现精细化服务

在社区养老服务设施的建设中，合理应用智能化设备有助于提高社区和居家养老服务的质量和效率，实现精细化的服务。

目前，养老设施当中常见的智能化设备包括信息设施系统、安全监控系统、紧急呼叫系统和健康管理系统等。以紧急呼叫系统为例，当老年人发生紧急状况需要帮助时，可通过手机、手环，以及安装在家中和设施内的呼叫器等终端设备发出紧急呼叫信号，工作人员收到紧急呼叫信号后会在第一时间确认老年人的情况，并采取必要的紧急响应措施，为老年人提供及时有效的帮助。又如，应用健康管理系统，护理人员能够实时监测老年人的呼吸、心跳、血压等身体健康数据指标，记录日常照护服务内容，实现健康档案的电子化，方便保存和查询（图4.46）。在设施中综合利用智能化设备，能够为社区和居家养老服务带来更多便利。

● 为技术变革预留发展空间

养老领域技术的更新迭代速度较快，为了适应一些可以预见的技术变革，在社区养老服务设施设计中应考虑预留相应的发展空间。

例如，未来智能化系统将在社区养老服务设施当中发挥越来越重要的作用，设计时应考虑为新增弱电系统预留空间，并在设施内实现无线网络信号的全覆盖，为更多智能化设备的应用创造条件。又如，新型助行工具和机器人的应用也将对建筑空间提出更高要求，在设计当中应注意实现地面无高差，保证足够的通行宽度，为新设备的广泛应用预留好空间。

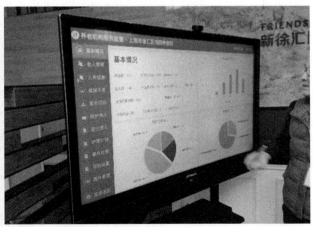

图4.46 设施当中的智能监测系统示例

5. 全周期项目工作组织及功能配置

　　社区养老服务设施在项目建设过程中会经历项目策划、规划设计、施工建设、运营服务等关联环节，涉及民政、消防、规划等多个政府部门及建筑师、运营商、业主单位、使用者等诸多参与方，过程相对复杂。这就要求项目在开发初期必须协调各方，统一思路，进行"调研—策划—设计—运营"全周期项目工作。

5.1　明确项目定位，进行广泛调研

　　部分社区养老服务设施项目在前期策划阶段，因缺少全方位的调研导致后续设计与开发工作无据可依，出现项目规模、功能类型、空间布局、室内氛围等与当地老年人口分布、生活风俗、周边环境等需求不匹配的现象，导致后期运营艰难。因此，在项目定位阶段进行全面调研工作是十分必要的。

● 了解外部资源环境

　　社区养老服务设施的项目定位应基于外部资源环境的认真调研，主要包括当地的政策法规信息和市场养老资源情况。政策方面，需掌握民政、规划、消防、卫生健康等部门对设施类型与床位数量、规划条件、消防安全等方面的要求。市场方面，需了解老年人口数量、分布及养老服务需求，并通过走访当地相关养老服务设施学习借鉴经验教训。运营方面，需提早引入运营团队或第三方服务团队，听取多方意见，以保证建设内容与空间设计符合后期运营要求。

● 厘清当地市场需求

　　社区养老服务设施的服务内容应充分考虑当地整体需求和社区周边需求。其一，分析所在地老年客群的特点，通过老年人口数量、分布、年龄、身体状况、收入水平、居住状况、家庭结构、养老观念等精准描绘设施服务对象。其二，根据当地养老市场现状，如现有设施的建设量、床位数、服务项目等，分析市场缺口，确定设施建设规模。其三，考察项目周边社区的老年人服务需求及配套设施的供应情况，通过供求对比，制定设施服务项目。

● 评估用地用房条件

　　社区养老服务设施建筑设计前期应从宏观、中观、微观三个层面对设施用地用房条件进行评估。宏观层面，应了解设施用地区位，如在城市中的位置、交通的可达性、周边各类公共服务设施的配置状况，尤其是与医院、社区卫生服务站等医疗资源的距离。中观层面，应了解用地周边环境，如与城市道路的衔接、周围建筑的建设状况、可利用的自然景观资源、所在区域的整体风貌等。微观层面，应明确用地规划条件，如用地范围、控制指标等。此外，对于既有建筑改建项目，还应对原

有用房的适用性进行评估，主要内容包括建筑是否可行、结构是否可靠、消防安全是否达标、市政设备基础条件是否具备等。（详见本书第17章）

5.2 制定项目任务书，合理配置功能

在翔实的调研基础上，项目管理、建设、设计、运营方通过深入讨论，明确设施建设内容，制定项目任务书。其中建设内容包含对总建筑面积、功能配置的规划，是任务书中最重要的组成之一，对后续建筑设计等工作影响最大。

社区养老服务设施可根据服务功能对空间进行模块划分，包括基础模块和功能模块，其后者包含文娱、膳食、健康、日间、清洁、托养入住和对外服务等模块，对应不同的老年人空间及后勤服务空间配置要求（表5.1）。由于社区养老服务设施具有立足于社区的特点，其功能配置必须从所在区域老年人的需求出发。当建筑规模受限，难以配置全部服务功能时，在基础模块以外宜结合养老需求选设最急需的功能模块。

表5.1　社区养老服务设施模块划分建议[1]

模块类型		老年人空间	后勤服务空间
基础模块		接待厅、公共卫生间	办公区、储藏区
功能模块	文娱模块	多功能活动区、专项活动区	—
	膳食模块	就餐区	厨房、备餐区
	健康模块	健康指导区、康复理疗区、辅具展示区、心理慰藉区	—
	日间模块	日间休息区	洗衣区
	清洁模块	助浴室、理发区、手足护理区	洗衣区
	托养入住模块	入住区起居厅、老年人居室、居室卫生间	入住区护理站、洗衣区
	对外服务模块	—	办公区

5.3 落实项目策划，提出设计方案

● 总平面规划与场地设计

在选好拟建社区养老服务设施的建设用地后，应对用地进行合理的规划布局，处理好用地与城市道路的交通联系、建筑与场地的位置关系、建筑出入口与内部道路的相互关系等，以便设施可以获得良好的自然通风、采光条件，并满足安全疏散

① 参见《城市既有建筑改造类社区养老服务设施设计导则》T/LXLY 0005—2020。

的相关要求。（详见本书第7章）

• 室内空间组织与流线设计

在了解运营方和使用方的具体需求，明确拟建社区养老服务设施的规模及功能后，应选择适宜的平面形式、合理组织交通流线、灵活划分空间功能，力求在有限的建筑规模内提供尽可能多样化的养老服务功能，同时保证设施在后期运营和使用过程中的便捷性。（详见本书第8章）

• 无障碍设计

老年人身体机能衰退，行动能力下降，往往需要借助轮椅、助行器协助通行或借力扶手完成起身落座等动作，为了提供更加安全、适老的使用环境，社区养老服务设施应对室内外空间进行无障碍设计，重点覆盖老年人出入口、通行空间、老年人居室和卫浴空间等。（详见本书第10章）

• 室内设计与空间氛围营造

良好的室内物理环境和温馨的空间氛围可满足老年人特殊的生理、心理需求，社区养老服务设施可通过空间布局、界面材料、色彩、光环境及家具陈设等室内设计的手段，为老年人营造安全便捷、健康舒适、适老宜居、熟悉亲切的室内环境。（详见本书第9、11、12章）

• 重点与难点空间的精细化设计

接待厅、就餐区、多功能活动区、老年人居室是老年人活动的主要场所，是社区养老服务设施的重点空间，直接影响老年人对设施的体验感受。而助浴室、卫生间因空间狭小，设备多样，是社区养老服务设施的难点空间，存在一定安全隐患。设施应对上述重点与难点空间进行精细化设计，保证老年人使用安全和便捷。（详见本书第13章）

• 建筑外观与标识系统设计

由于老年人视力下降、容易迷失，社区养老服务设施的建筑外观应清晰可辨、易于识别，并设置成体系的标识系统，方便老人识别与定位。同时，建筑外观还应考虑周边环境的建筑风貌，与所在地社区环境相协调。（详见本书第14章）

• 老年人活动场地与景观设计

老年人在社区养老服务设施中可以进行轻量的室外活动，例如晒太阳、运动健身、观景等，这些活动有利于老年人放松身心，亲近自然，促进交流，且具有一定

疗愈作用。这就要求设施在设计时考虑室外活动场地的需求，完善场地与景观设计。（详见本书第15章）

5.4 结合运营效果，进行反馈式调整

当设施建设完毕交付运营使用方后，应注意记录设施的实际使用情况，结合老年人、工作人员等使用者对设施的使用评价，针对设施设计考虑不周的地方应进行及时的补救或完善（图5.1）。

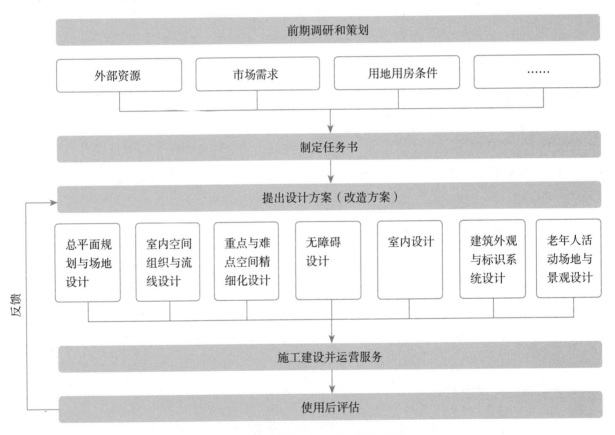

图5.1 全周期项目工作组织流程图

6. 选择适宜的建设用地

选址即为社区养老服务设施选择建设用地。建设一所设施，应当选择合适的用地，避免由于用地自身的缺陷而为设施未来的建设与运营带来隐患。首先，选址需要满足一些基础条件；其次，选址应当契合老年人的需求特点，应当注重立足社区、选择安全健康的建设环境、邻近其他社区服务设施、具备良好的外部交通四个方面的内容。

● **设施选址需要满足的基础条件**

（1）建设用地需要符合规划条件，宜选在社区中

建设用地的选择首先应当符合所在区域上一级的规划条件，用地性质和建设条件均应当满足相关要求。

建设用地应当具备便利的交通条件，可为老年人提供方便的通达路径，也方便各类服务车辆的进出。

由于此类设施的服务对象是周边的居民，因此设施建筑用地宜选择社区中较为核心的位置，方便老年人就近使用（图6.1）。

（2）选择安全的建设用地，且应具备相应的市政条件

选择建设用地应当避免存在地质灾害隐患的区域，确保建设用地具有稳定的地质条件，避免洪水、山体滑坡等灾害的威胁。

选择地势较为平坦的建设用地，避免复杂的地面高差给无障碍设施的建设带来困难，也避免给老年人未来的使用带来安全隐患。

为使建成设施符合安全疏散和消防扑救的要求[①]，应当选择具备对外疏散条件、能够满足消防需求的建设用地。

① 具体要求参见《建筑设计防火规范（2018年版）GB50016-2014。

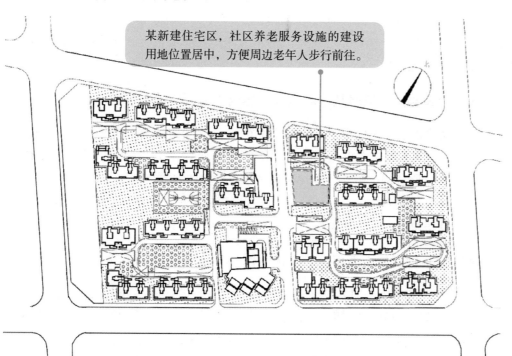

某新建住宅区，社区养老服务设施的建设用地位置居中，方便周边老年人步行前往。

图6.1　某设施选址在社区的核心位置

建设用地应当具备设施所需的供电、给排水、供暖、通信和网络等基础市政条件。

（3）建设用地的环境要有利于老年人的身心健康

建设用地应当有充足的面积，能够满足用房与室外场地的建设需求。

应当选择有充足日照和良好通风条件的建设用地，避免周边建筑对老年人生活空间和室外活动场地的遮挡。

应当避免选择周边有噪声、空气污染等的建设用地，规避不利于老年人身心健康的影响因素。

（4）建设用地应考虑与其他社区服务设施的整合利用

选择建设用地可以考虑与社区卫生、服务、商业、文教设施整合或就近设置，并宜邻近社区花园绿地，以便实现资源互补，也能为老年人提供更具综合性的服务。

在以往的实践中，社区养老服务设施由于规模较小，建设用地的选择常受到其他因素的影响，具有一定的局限性，在遇到条件有限的情况时，应尽量从以下几方面来考虑设施选址。

6.1 选址应立足于社区

社区是居家养老的老年人日常生活的基础环境。由于大多数老年人已脱离工作状态，社区就成为了他们活动最为频繁的区域，尤其是居家养老的老年人，他们不仅常年在社区中居住生活，而且对社区的服务有着很高的依赖性，社区与其生活息息相关、密不可分。基于此，社区养老服务设施应当立足于社区来进行选址、建设，以便更好地为老年人服务。

● 单个设施选址应服从宏观规划，形成养老服务的全覆盖

居家养老的老年人分布于社区中的各个位置，且他们前往设施的路程不宜过长，因此，单个设施的选址布点应当服从宏观规划，宜使各处设施呈均匀的网络式布局，形成社区养老服务的全覆盖，以便满足老年人的整体需求。例如，在城市社区中为设施选址，宜使大多数设施分布平衡，令社区内的老年人可在5分钟[1]内步行抵达邻近设施，获得便捷的前往条件。

● 建设用地应位于老年人熟悉的生活环境中

居家养老的老年人对长期生活的社区有着强烈的认同感和归属感，社区里有他们常年接触的景物，密切交往的家人朋友，经常前去的活动场所等，大多数老年人不愿脱离这种习惯已久的生活环境，并希望与家人朋友保持近距离的联系。因此，设施选址时，应将建设用地选在老年人日常生活轨迹集中的社区环境中，让他

[1] 根据《城市居住区规划设计标准》GB50180-2018，老年人日间照料中心属于5分钟生活圈居住配套设施。

们能够在自己熟悉的氛围中使用设施，避免因环境突变而产生排斥感。（图6.2）

• 宜选址在社区核心位置，避免选择边角区域

社区的核心位置是设施选址优先考虑的位置。其一，社区核心位置普遍具备便捷的交通，老年人前往方便；其二，社区核心位置多集中有其他服务资源，具有服务联动、资源共享的环境基础。其三，社区核心位置活力充足，能够更好地吸引老年人参与交往活动。因此，设施建设用地宜选在社区核心位置，应避免选在交通不便、活力不足、冷清僻静的边角区域。（图6.3）

图6.2　在熟悉的生活环境中，老年人积极参与室外活动与社会交往

养老照料中心

社区养老服务驿站

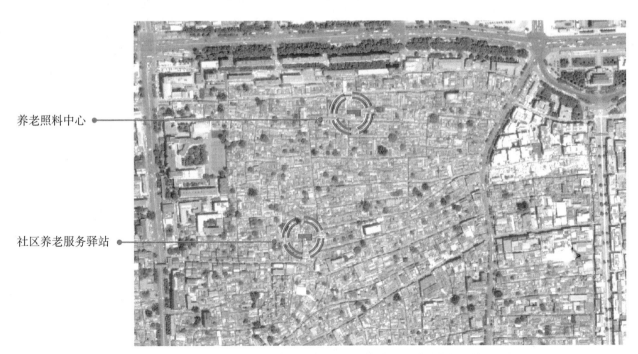

图6.3　北京市大栅栏养老照料中心和社区养老服务驿站选址在社区核心位置

6.2   选择安全健康的建设环境

在社区养老服务设施选址时，要保证自然环境的安全性，建设用地应满足无灾害隐患，满足消防疏散、医疗救护要求等安全条件。同时，还要充分考虑环境条件是否利于老年人的身心健康。

• 日照充足，通风顺畅

建设用地日照是否充足关系到建筑室内空间与室外活动场地能否获得太阳光，对老年人的身心健康有着非常重要的影响。老年人大都喜欢阳光充足的环境，不仅令他们感觉舒适，同时，也有利于杀菌、消毒并减缓钙质流失，有利于他们的身体健康。此外，老年人聚在一起晒太阳、聊天也提高了他们参与交往活动的热情。因此，社区养老服务设施选址应在日照充足的位置，避免相邻建筑遮挡。按照现行相关建设标准，老年人用房和室外活动场地应满足日照时数的要求[①]。

建设用地是否具备自然通风条件，关系到设施室内外的空气质量。自然通风可以有效减少病菌的滋生，有助于保持环境卫生、防控疾病疫情，并在夏季起到降温、除湿的作用。因此，社区养老服务设施选址应在通风顺畅的区域，当然，北方地区也应做好冬季防风，以利于室内外形成舒适的空气环境。

• 避免靠近有害污染源

噪声污染、空气污染及其他有害污染源均会对老年人产生不利影响。因此，在社区养老服务设施选址时，应充分考察建设用地周边有无会产生污染的工厂、有油烟排放的餐馆、车辆噪声密集的道路等，尽量与污染源保持一定的距离，实在无法远离时，则应考虑设置屏障等隔离措施。

• 方便看到美好的室外景观

社区养老服务设施选址时应当尽量选择周边有良好景观的建设用地，例如，林木、水景等，借此营造出美好的视觉感受。老年人不便长时间在室外活动，因此，如能从室内看到优美的景色，会产生愉悦的感官体验，有利于改善心情。此时设施选址可与街心花园、活动场地等形成借景关系，或利用高处俯瞰等视觉优势对周围景色加以利用，在建筑设计中也可考虑为老年人留出观看街景、人群的空间条件。（图6.4-图6.5）

6.3   邻近其他社区服务设施

① 参见《老年人照料设施建筑设计标准》JGJ450-2018。

社区养老服务设施宜与其他生活服务设施形成就近关系，这样可以借助外部条件为老年人提供更为多样的服务，有利于设施的联网互动，也有助于资源的整合与高效利用。适宜就近或结合设置的其他社区服务设施如：社区卫生设施、服务设施、商业设施、文教设施、花园绿地等。

• 与社区卫生设施结合

老年人对社区卫生服务有很大的需求，可解决常见病的诊断治疗、慢病的用药与康复理疗等需求。社区养老服务设施邻近社区卫生设施可方便老年人就近获取医疗服务。在用地紧张的区域将二者合设也是非常可取的，这既解决了用地短缺的问题，又能让老年人在社区养老服务设施中即可解决日常医疗所需。（图6.6–图6.7）

• 与社区服务设施结合

社区服务设施一般包含社区服务中心（站）、市民中心、社区图书馆、社区活动中心（室）等，既提供日常管理服务，又提供文体活动的场地。社区养老服务设施

图6.4　借用水景、绿地等景观元素

图6.5　利用俯瞰视角借景

选址宜考虑与其形成邻近关系，或结合设置，形成协同互补的关系，有利于充分利用空间，并方便老年人使用。（图6.8）

图6.6　北京市某设施与社区卫生站结合设置

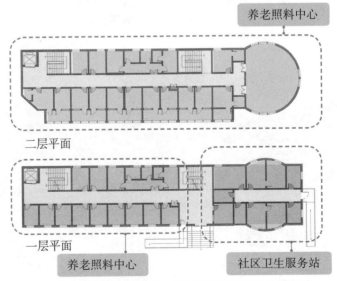

图6.7　北京市某设施平面图，首层局部为社区卫生服务站

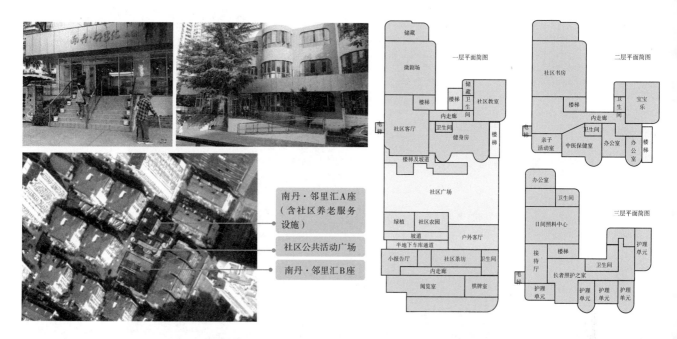

图6.8　上海某设施与邻里汇等社区服务设施结合设置

● 邻近社区商业设施

老年人有日常购物的需求，会经常前往超市、市场等社区商业设施；同时，他们对餐饮服务也有一定的需求，尤其是做饭不便的老年人，需要周边餐饮设施提供便利的就餐条件或上门送餐。因此，社区养老服务设施的选址可以考虑与其形成邻近关系，这样可以让老年人能够方便地顺路购物，吸引更多的老年人前往。此外，对于部分建筑面积紧张的社区养老服务设施，就近餐饮设施还可解决自身无法提供就餐服务的缺憾，丰富服务类型。（图6.9）

● 与社区文教设施结合

社区中常常设有幼儿园、小学等文教设施，对老年人来说，一方面，儿童可以成为其活力提升的带动者，看到孩子们的活动会使他们感到愉悦，带来良好的心情。另一方面，部分老年人有帮助子女照看下一代的日常活动，接送孙辈往返幼儿园、学校是其经常进行的活动。因此，社区养老服务设施可以考虑选择邻近幼儿园、小学等文教设施的建设用地，使老年人有更多机会接触到孩子们，也为其接送孙辈提供便利。

● 邻近社区花园绿地

社区花园绿地能够很好地调节室外环境氛围，深受老年人喜爱，可以进行散步、锻炼、聊天、社交等休闲健身活动。因此，社区养老服务设施可以考虑选择邻近社区花园绿地的建设用地，既方便老年人使用，又能够为设施带来品质更好的周边环境。此外，对于自身场地条件不足的社区养老服务设施来说，还可借用其为老年人创造更多参与室外活动的机会。（图6.10）

便利店

水果超市

社区养老服务驿站

副食品店

便民菜店

延寿街南段集中了许多商业服务设施，日常生活购物便利

图6.9　北京市大栅栏社区养老服务驿站与商业服务设施的就近关系

图6.10　就近花园绿地可方便老年人积极参与活动

6.4　具备良好的外部交通联系

社区养老服务设施应当选择与周边有着良好外部交通联系的建设用地，不仅给步行前往的老年人提供便利，同时也为代步车辆、服务车辆和应急车辆提供必要的通达条件。

● 至少应有一个出入口满足机动车通达需求

社区养老服务设施日常有送餐、后勤服务等车辆通达的需求；而且未来的发展趋势是要为老年人提供接送服务，需有代步车辆的通达；同时，有紧急情况发生时还应满足消防和救护车通达的需要，因此应至少有一个供机动车通达的出入口[1]。在选址时，应当选择具备机动车通达条件的建设用地，宜与城市次干道或支路直接相连，若不具备直接与城市次干道或支路相连的条件，则应注意预留机动车通达的路径。

● 宜具备独立设置老年人出入口的条件，避免交通安全隐患

老年人一般步行或乘非机动车或轮椅抵达社区养老服务设施，若出入口设置不当，容易受到车辆交通的影响，存在安全隐患。因此，建设用地宜具有独立设置老年人步行出入口的条件，选址时宜进行一定的预判，预计将来设置老年人步行出入口的位置，考虑其是否能够有效避免周围车辆的影响，避免直接对交通繁忙的城市主干道开口，导致老年人出入口与车辆通行发生冲突。（图6.11）

[1]　具体的出入口数量应根据设施规模和消防要求而定，并满足相关标准。

某设施出入口未直接开向城市支路，车辆通过社区道路进入设施

城市支路

进入社区的道路

车行进入

设施范围

步行进入

社区道路

步行出入口从社区内部方向进入，有效避免车辆干扰

图6.11　建设用地至少有一个出入口可车行通达，宜具备独立设置老年人步行出入口的条件

7. 做好用地的规划布局

为社区养老服务设施确定好建设用地后，就需要对建设用地进行规划布局，对外须处理好各出入口与城市道路的交通联系，对内要处理好建筑、场地、内部道路等的布局关系。

● 规划布局的构成元素

（1）建筑

社区养老服务设施的建筑形式一般可分为独立式和附建式。独立式即指该建筑为其独用；附建式即指该建筑为其与其他设施合用，如用房为综合体建筑中的一部分空间或是住宅的底层商业区等。

（2）场地

社区养老服务设施的室外场地可以分为老年人活动场地和后勤服务场地。前者供老年人进行室外休闲、交往、健身等活动；后者则满足日常运营、管理服务等需要，一般包括晾晒区、储存区、停车区、装卸区等。

（3）内部道路

社区养老服务设施的建设用地中除了需要布置建筑和场地外，往往还需布置内部道路，一般包括车行道和步行道。

7.1　保证建筑和老年人活动场地符合日照要求，避免遮挡

社区养老服务设施在对建设用地进行规划布局时，应正确布置建筑与场地的位置，使二者均能获取充足日照。

● 避免外部建筑遮挡

进行用地规划布局时，首先关注外部建筑对于建设用地的遮挡情况，建筑布置宜适当拉大与外部建筑的间距，尽量降低受遮挡的程度，老年人活动场地要尽量选择无遮挡或受影响较小的位置设置[①]。

● 避免自身建筑对场地造成遮挡

用地规划布局时，还应避免自身建筑对场地形成遮挡，如将建筑布置在建设用地的北部，将老年人活动场地布置在南部，为二者争取均好的日照条件。（图7.1）

7.2　根据气候特点，合理组织风环境

社区养老服务设施用地规划布局时，应当根据不同地区的气候特点因地制宜地

① 参见《老年人照料设施建筑设计标准》JGJ450—2018。

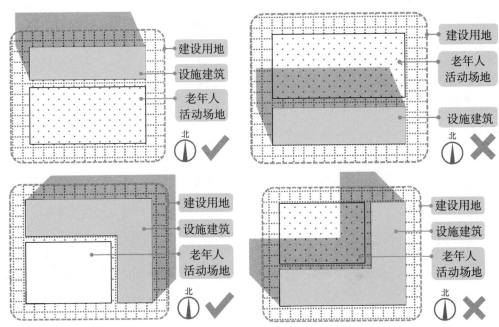

图7.1　室外活动场地应布局在日照充足的位置

合理利用自然通风，形成良好的风环境。北方地区冬冷夏热，气候差异较大，用地规划布局应兼顾两个季节的不同需求，既应注意遮挡冬季主导风向的来风，又应充分利用夏季主导风向的来风，加强夏天的通风，实现防风与通风兼顾。不同于北方地区，南方地区湿热气候偏多，则应重点注意加强通风。在具体的建筑布局中，北方地区宜采用体量集中的建筑形式，既可以减少冬季能耗，又可以利用建筑为老年人活动场地阻挡冬季来风。而南方地区则宜将建筑体量化整为零，采用分散布置的方式，建筑单体不宜过大过长，可在局部留有通风缺口，便于室外空气对流，提升建筑和场地的通风效果。（图7.2）

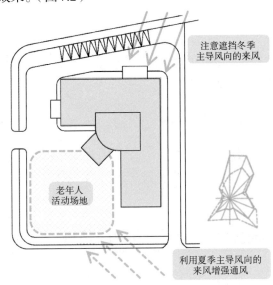

图7.2　注意场地通风

7.3　处理好内部的交通组织

社区养老服务设施的用地规划布局要处理好内部的交通组织，使建筑及场地形成良好的交通联系，方便老年人通行并满足后勤服务的需求。

● 形成车行与人行两条流线，避免干扰

合理规划建设用地内部的车流、人流，形成明确区分的车行和步行两条流线。车行流线应当满足车辆进出、停靠、下客、卸货等需求，步行流线应当能够让老年人便捷地去往建筑或场地。车行流线与步行流线尽量避免交叉干扰，尽量让老年人有完整、连续的步行线路，并满足无障碍设计要求。（图7.3）

● 内部道路应方便联系建筑各出入口

建设用地内部道路宜将建筑各个出入口联系起来，方便后勤运输和安全疏散，具备条件时宜让车辆能够通达。

7.4　建筑出入口数量应满足消防和人员分流

主体建筑出入口数量应符合现行消防规范[①]，结合建筑规模、平面设计和疏散条件而定。同时，为了保证社区养老服务设施的卫生防疫需要，出入口宜实现洁污分流，让货物运输、垃圾清运等具备独立通行的条件，避免影响老年人的出入与活动。此外，宜分设老年人出入口和后勤出入口，实现老年人与管理服务人员的分流。规模较大且有托养入住功能的设施还可将日间服务的区域相对独立地设置，并设单独出入口，避免对入住老年人的干扰。（图7.4）

① 参见《建筑设计防火规范（2018年版）》GB50016–2014。

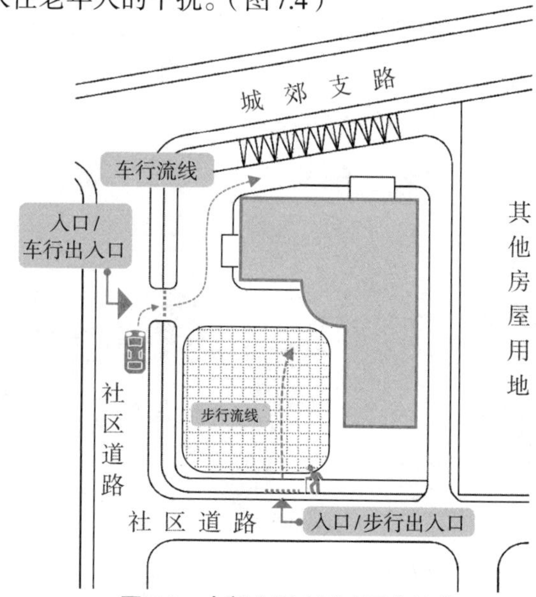

图7.3　内部交通应形成两条流线

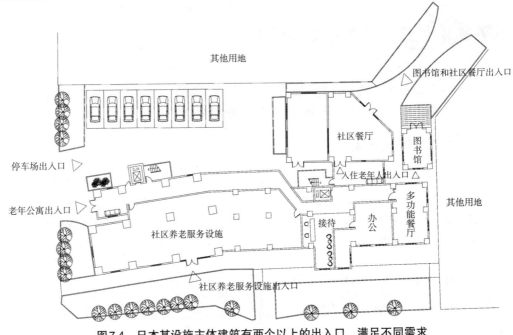

图7.4 日本某设施主体建筑有两个以上的出入口，满足不同需求

7.5 老年人出入口应易于寻找

建筑出入口的位置和形式应根据使用者的特点进行合理设计。

● 老年人出入口应易于寻找

供老年人进出使用的建筑出入口的位置与形式应易于老年人寻找。其一，宜设在从外部或远处能够直接看到的位置。其二，可以通过建筑局部造型的变化加以突出。其三，应设置清晰醒目的标识。同时，还应通过精细化的设计让建筑的主要出入口呈现出开放的空间形态，体现出对老年人的欢迎。例如，采用玻璃门落地窗，降低封闭感，结合出入口设置停留空间，摆放上休闲座椅，方便老年人闲坐聊天，对外展现室内热热闹闹的生活场景，吸引更多的老年人进入。（图7.5）

图7.5 供老年人使用的建筑出入口醒目、易于寻找

● 后勤出入口注意隐蔽

供后勤使用的建筑的出入口主要功能是货物运输、垃圾清运及服务人员进出，属于后勤流线的范围，应当注意隐蔽，适当做一定的限定与隔离。当其离老年人活动的范围较近时，可以利用绿化树木、篱笆隔断等进行分隔与视线遮挡，以避免老年人误入后勤区域。

7.6　预留无障碍落客区

无障碍落客区的主要功能是供车辆停靠和人员上下。由于社区养老服务设施需考虑提供接送老年人的服务，规划布局时宜设置无障碍落客区。无障碍落客区宜靠近老年人出入口设置，以便让其可以通过最短路径抵达建筑。当结合建筑出入口设置无障碍落客区时，一方面宜对其空间进行适当放大，方便轮椅回转、担架通行；另一方面宜对出入口上方的雨棚做放大设计，覆盖到老年人上下车辆一侧的空间，在雨雪天时避免老年人淋湿。（图7.6）

图7.6　建筑出入口设置无障碍落客区，方便接送老年人的车辆停靠

8. 合理组织交通流线与空间布局

　　社区养老服务设施服务功能多样，但由于其在社区中建设，用地和建筑规模普遍较小。为了在有限的建筑规模内提供尽可能多样化的养老服务，应合理组织交通流线、灵活划分空间功能以便保证设施在后期运营和使用过程中的便捷，并为未来完善功能奠定基础。

8.1　交通流线和空间布局的基本构成要素

　　社区养老服务设施的平面构成基本要素有"两口""两线""组团化"。（图8.1）

●"两口"

　　"两口"指社区养老服务设施宜设置两类对外出入口，一类为老年人出入口，另一类为后勤出入口。出入口的具体数量一般与建筑规模相关，应满足紧急疏散和日常使用的需要。

●"两线"

　　"两线"指社区养老服务设施宜设置两条室内交通流线，即老年人流线和后勤服务流线。一方面，两条流线均应符合其活动需要，避免重复往返；另一方面，两条流线还应相对独立，避免产生相互干扰。

●"组团化"

　　"组团化"是指社区养老服务设施宜根据服务功能和使用人群对空间进行分区设计。其一，每种使用功能的主要空间应与其附属空间就近布置，如厨房、备餐区应靠近就餐区，方便食品供应；其二，在老年人公共活动空间中应通过家具设备对空间进行适当分隔，以便不同身体状况的老年人分区活动，方便设施对其提供有针对性的服务；其三，具备托养入住服务的社区养老服务设施还应考虑为入住老年人单独设置单元起居厅，以便与日间照料区的老年人适当分隔。

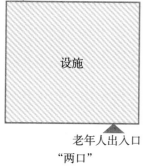
后勤出入口
设施
老年人出入口
"两口"

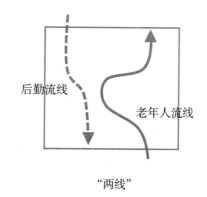
后勤流线
老年人流线
"两线"

组团1　组团2
组团3　组团4
"组团化"

图8.1　"两口""两线""组团化"示意图

8.2 常见的平面组织形式

社区养老服务设施常见的平面形式有单体式和组合式，其中单体式又可分为集中型、直线型、半围合型、围合型等，其交通组织和空间布局的基础条件存在一定差异（表8.1）。项目设计中，应充分考虑用地条件、设施规模、服务需求，选择合适的平面形式。

表8.1　常见平面形式的交通组织和空间布局条件分析

平面类别		平面简图	交通组织条件			空间布局条件			
			流线简单空间好定位	动线长度均匀	流线不易交叉	较灵活	易分区	利于回游路径	利于围合场地
单体式	集中型		○	●	–	●	–	●	–
			空间紧凑、平面灵活性大，适合向心式布局；但不利于分区布局			交通组织形式多样，易于形成回游流线，各部分之间距离较短，联系方便；不同交通流线位置较集中，易形成交叉干扰			
	直线型		●	–	○	–	○	–	–
			空间呈线性，适合并列式布局；但平面灵活性差，各部分之间的联系不紧密			交通组织形式单一，流线方向明确，易于老年人寻找方向；难以形成回游流线，易形成不同流线交叉，末端部分之间距离较长，联系不便；			
	半围合型		○	○	●	○	●	–	○
			适合不同功能分区布置，平面有一定围合感，易形成安全的室外活动场地			交通组织形式单一，流线方向明确，易于老年人寻找方向；难以形成回游流线，易形成不同流线交叉，末端部分之间距离较长，联系不便			
	围合型		–	●	●	●	●	●	●
			适合不同功能分区布置，平面围合感强，内部院落可为老年人提供安全的室外活动场地；但内部院落较大时，需满足消防要求			交通组织形式较复杂，易于区分不同出入口和交通流线，避免交叉，回游流线联系方便；不利于老年人定位			

续表

平面类别	平面简图	交通组织条件			空间布局条件			
		流线简单空间好定位	动线长度均匀	流线不易交叉	较灵活	易分区	利于回游路径	利于围合场地
组合式		–	○	●	●	●	○	●
		常见于较大规模、特别是有入住服务的设施；平面类型丰富，适合不同功能空间和场地分区布置，尤其适合有入住照料服务的设施设置照料单元；适合对室外场地分区			交通组织形式复杂，易于区分不同出入口、交通流线和生活单元，避免交叉；不利于老年人定位，末端部分之间距离远，联系不便			

注：1."●"表示好；"○"表示中；"–"表示差。

2.交通组织条件："流线简单空间好定位"表示交通流线方向明确，有利于老年人确定所在的空间位置；"动线长度均匀"表示各区域之间的通行距离差异较小；"流线不易交叉"表示容易区分老年人流线和后勤服务流线，避免干扰。

3.空间布局条件："较灵活"表示可采用的空间布局形式多；"易分区"表示容易划分老年人生活区和后勤服务区；"利于回游路径"表示有利于形成环形交通路径；"利于围合场地"表示建筑对室外场地有一定围合作用，有利于提高室外活动的安全性。

8.3 老年人流线与后勤服务流线避免交叉

社区养老服务设施中的室内流线包括老年人流线和后勤服务流线，前者指老年人进入设施后，进行晨检、上午活动、午餐、午休、午后活动等生活行动的流线；后者指工作人员进行采购、运输、备餐、洗衣、晾晒等工作服务流线。在交通组织中应尽可能保证二者相对独立、避免产生交叉。尤其是设施中的洗衣晾晒、垃圾处理等流线不可经过老人活动区域，以免脏物带有的病毒和细菌影响老年人的健康。两条流线的分离使设施内两类人员的动线清晰，洁污界限分明，在提高设施的运营效率的同时，为老年人营造出一个健康的生活环境。

8.4 老年人流线清晰顺畅易识别

老年人的交通流线应尽可能清晰顺畅，避免不必要的拐弯、分叉。在平面布局时，设施应以老年人的主要活动空间为核心，例如围绕就餐区、多功能活动区等空间进行向心布置，这种布置方式使老年人的活动流线相对简单，他们可以很方便地来回于主要活动空间和其他生活空间，避免因过长的流线导致行走过程中发生跌倒意外或迷失状况。此外，为了使老年人可以轻松地识别方向和路线，可以在设施入口、走廊、候梯厅等通行空间内设置标识系统。

8.5　设置可回游流线

　　环形回游流线是老年建筑的重要特色，既可以保证老年人的通行顺畅，又可适应老年人往复、徘徊的行为特点，还可缩短工作人员的服务路径，实现快速救护，提高室内的安全性。因此，有条件的设施应设置回游流线。一般情况下，回游流线多位于设施的门厅、中庭、公共活动区以及入住区的单元起居厅等位置。设置回游流线可以采取以下几种策略：

● 合理组织平面布局，形成设施内的整体回游

　　若设施为围合型、半围合型平面，且设有内院和中庭，可以将老年人生活空间围绕院落或中庭布置，并保持各方向走廊的连续性，成为老年人的交通流线，形成环形路径。（图8.2）

　　若设施为集中型平面，且进深较大，可通过设置岛形空间或用房，使老年人流线围绕中部形成环形路径。（图8.3）

图8.2　内院回游流线示意图

若设施平面不具备形成环形路径的条件，可以通过局部增设室外连廊，与室内走廊连接，形成环形路径。（图8.4）

- **合理组织家具设备，形成开放空间内的局部回游**

在开放式活动空间内，设置岛形的服务台、绿化景观或家具设备，围绕其形成环形路径。（图8.5）

将开放式活动空间中的交通流线与走廊联通，形成环形路径。（图8.6）

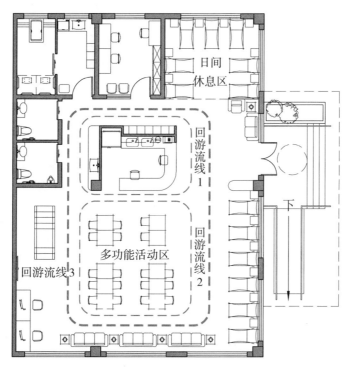

图8.3　利用岛形服务空间设置回游流线示意图

图8.4　利用室外连廊设置回游流线示意图

图8.5　利用家具设置回游流线示意图

图8.6　利用走廊设置回游流线示意图

8.6　结合建筑规模合理配置功能空间

社区养老服务设施的室内空间分为老年人生活空间和后勤服务空间，丰富的服务功能造就了室内空间的多样性，各类功能所需空间的设置方式和要求如表8.2所示。

表8.2　社区养老服务设施老年人生活空间使用方式和空间形式建议[①]

老年人生活空间	使用方式	空间形式		
		开放式	半开放式	封闭式
接待厅	宜合用	●	—	—
就餐区	宜合用	●	—	—
多功能活动区	宜合用	●	—	—
专项活动区	宜专用	—	●	—
健康指导区	宜合用	—	●	—
康复理疗区	宜合用	—	—	●
辅具展示区	宜合用	—	●	—
心理慰藉区	可专用可合用	—	—	●
日间休息区	宜合用	—	●	●
助浴室	应专用	—	—	●
理发区	宜合用	—	●	●
手足护理区	宜合用	—	●	●
公共卫生间	应专用	—	—	●
入住区起居厅	在入住区内可合用	●	—	—
老年人居室	应专用	—	—	●
居室卫生间	应专用	—	—	●

注："●"表示宜选择。

　　除了根据设施规模和当地老年人需求选择适宜的功能配置外，在设计中还应注意各类空间的面积配比、相对位置及组合方式。

　　空间面积应根据设施接纳老年人的数量和老年人使用停留时长计算配比。一般来说，用于老年人集体活动且参与人数较多的空间占设施总面积比例较大，如就餐区[②]、多功能活动区、日间休息区等；健康指导区、康复理疗区、心理慰藉区、理发区等为部分老年人使用的空间面积相对较小。

　　空间的相对位置应根据出入口位置、室内外联系进行综合考虑。在靠近老年人出入口的区域设置接待厅、辅具租赁等展示性空间或就餐区等可对社区开放使用的空间，靠近后勤出入口的位置设置员工休息室、储藏室、洗衣房等服务管理空间；靠近室外活动场地、自然景观的区域设置就餐区、多功能活动区等老年人主要生活空间。

　　空间的组合关系应根据空间开放性进行设计。在日间照料区，接待厅、就餐区、多功能活动区等开放性较强的空间可组合设置，而心理慰藉区、助浴室等私密性较强的空间应独立设置。空间组合应遵循动静分区的原则，避免相互之间的干扰。

① 参见《城市既有建筑改造类社区养老服务设计设计导则》T/LXLY0005-2020。
② 参见《老年人照料设施建筑设计标准》JGJ450-2018。

8.7 选择自然采光通风条件好的位置设置老年人生活空间

采光和通风是评价室内空间环境质量的重要指标，老年人生活空间尤其应注意具备良好采光和通风条件。这是因为阳光为人体带来诸多的好处，它可以促进人体血液循环和新陈代谢，增强身体对钙的吸收，尤其是对佝偻病、类风湿性关节炎等老年人常患病症有很好的益处。晒太阳也是老年人最喜爱的活动之一，既有利于身心健康，带来积极向上的氛围，又促进老年人之间的闲聊与社交。此外，良好的通风则为室内空间注入新鲜空气，为室内环境的健康与卫生提供有利条件。

因此，在社区养老服务设施设计之前，可以对当地老年人的生活习惯、活动类型进行调研，并分析测算各空间的日照时数。在平面布局时，将日照时间较长、通风状况较好的区域预留给老年人主要活动空间[1]。一般来说，就餐区、多功能活动区、日间休息区老年人居室和单元起居厅都需要较好的采光、通风条件。

8.8 老年人生活空间分区分级、呈组团化设置

● 分区

① 参见《老年人照料设计建筑设计标准》JGJ450–2018。

规模较大的社区养老服务设施往往包含入住服务，在平面布局时应将日间照料区和入住区进行一定的分隔。（图8.7）

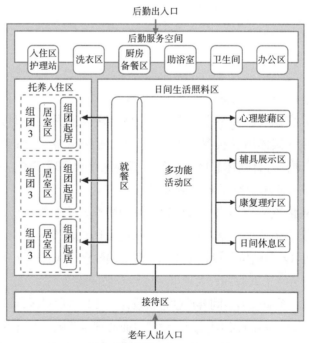

图8.7 社区养老服务设施分区示意图

日间照料区主要服务于白天前往设施接受托养、夜间回到家中的老年人，该区域以日间的生活照料为主，其服务功能主要包括膳食供应、日间休息、文化娱乐、保健康复、心理慰藉、个人照顾、辅具租赁、入户服务、交通接送等。日间照料区的平面布局应以老年人公共活动区，如就餐区、多功能活动区为核心展开，其余空间围绕式布置。

入住区主要服务于长期或短期入住在设施内的老年人，该区域以入住护理照护为核心服务项目，并提供膳食供应、文化娱乐等其他服务。入住区平面布局可以10–15人为一生活单元进行组团布局，每个生活单元内包含单元起居厅、老年人居室和护理服务用房，满足组团内的老年人的各项生活需求。

以上海静安区某长者之家为例，该设施利用不同楼层进行功能分区。设施将底层作为社区食堂对设施内日间照料及附近社区的老年人共同开放，二层作为日间照料区，供日间照料老年人开展文化娱乐、日间休息、保健康复等活动，三层则作为入住区，为长期入住的老年人提供居室和组团活动空间。设施根据使用者的不同，由下到上空间的开放程度依次降低，分区的设计避免了流线、噪声的相互干扰，为老年人提供更有针对性的服务。（图8.8）

● **分级**

根据社区养老服务设施的使用特点，日间照料区内不同服务功能的老年人生活空间和用房的开放性依次如下：

提供接待咨询、膳食供应、文化娱乐等服务的空间，如接待厅、就餐区、多功能活动区等的公共性最强，建议采用开放的空间形式，将空间融合在一起使用。

提供文化娱乐、日间休息和辅具租赁等服务的专项活动区、日间休息区和辅具租赁区的公共性次之，建议采用分时开放、可开可合的空间形式，以便在不同的使

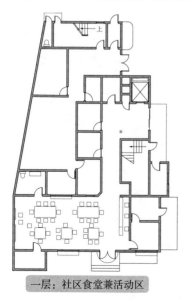

一层：社区食堂兼活动区

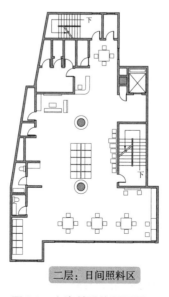

二层：日间照料区

三层：入住区

图8.8　上海某设施平面图

用时段灵活调整其开放性。

　　提供保健康复、心理慰藉、个人照顾等服务的健康指导区、康复理疗区、心理慰藉区、助浴室等的公共性最弱，建议采用封闭的空间形式，以便保护老年人的隐私。

　　同样的，入住区内的空间也应根据服务类型进行分级。其中供入住老年人用餐、活动、社交的组团内单元起居厅可以采用区内开放的空间形式，而老年人的居室及居室内卫生间则应保证其私密性。

8.9　托养入住区采用单元式布局

　　入住区主要服务于长期入住在设施内的老年人，该区域以老年人的长期照护为核心服务项目，并提供膳食供应、文化娱乐等其他服务。若设施内提供的入住床位较多，则应该采用组团式的布局方式。

● 组团规模

　　为了保证较好的服务质量，入住组团不宜过大，以10-15人为宜。首先，在一个中国传统大家庭中，其人口组成一般包含祖父母、外祖父母、父母、叔伯姨姑、兄弟姐妹等十几口人，将设施入住区的组团规模与家庭人口数量对标，加强了组团的亲切感和家庭感。其次，由于老年人记忆力的逐步衰退，他们很难同时记住大量不同的面孔，维持过多的社交关系。规模过大的组团容易造成其心理的社交恐慌和不安全感。此外，10-15人的组团规模也是设施在运营过程中较为理想的服务规模，同时照护组团内的老年人可以在保证服务质量的前提下，提高工作人员的服务效率，避免因组团过大造成的服务不周，或因组团过小带来的资源浪费。（图8.9）

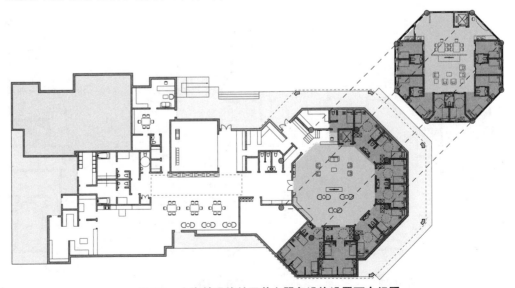

图8.9　上海某设施社区养老服务设施设置两个组团

● 组团构成及布局

居住区的组团内应包含单元起居厅、老年人居室和护理服务用房。其中单元起居厅建议采用区内开放的空间形式，供组团内老年人进行用餐、休闲、社交等公共活动，老年人居室可围绕这一空间进行环绕式布局。通常在单元起居厅的附近还应设置护理台、办公室、助浴室等护理服务用房，缩短工作人员的服务流线，增加其与老年人的共处时间，以此提高服务质量和工作效率。（图8.10）

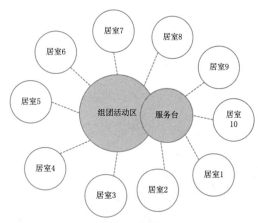

图8.10　组团内的空间组织形式

8.10　消除开放空间的室内屏障，实现视线通达

社区养老服务设施的开放式空间宜集中、连续布置，无论是日间照料区的就餐区、多功能活动区或是入住区的单元起居厅都应该注意空间的通透，尽量消除室内屏障，实现老年人与老年人，老年人与工作人员之间的视线通达。其原因主要是考虑到老年人的心理需求和服务人员的工作要求：一方面，老年人之间的视线通达，有利于促进其社交互动，鼓励其参与集体活动，从而建立起相互之间的熟悉感。另一方面，老年人与工作人员之间的视线通达，有利于减少其生理、心理的不安感。当老年人感到不适时，可以及时反馈给工作人员，获得相应的帮助，降低意外发生的概率。而工作人员也可以随时观察老年人的动态，了解其生活习惯、性格特点，以便更好地为其提供个性化的服务。一般来说，消除公共空间的室内屏障的设计手法有以下几点：

● 恰当的平面布局

社区养老服务设施在平面布局时宜选择室内面积最大、墙体和柱子等结构构件较少的部分作为开放性强的接待咨询、膳食供应、文娱活动空间，以便适应其参与人数多、活动内容丰富的特点。如上海静安区某长者中心，其日间照料区内近八成面积的空间为开放式空间，除两个承重柱外空间内没有其余隔墙遮挡，实现视线的全覆盖。（图8.11）

● 合理的家具形式

在开放式空间中应合理选择家具和设备形式，避免由于尺寸过大、过高造成视线阻隔。如上海某设施针对老年人适合开展小组团活动的特点，在开放式活动区的设计中兼顾适当分区与视线通透的需要，利用矮柜、搁架等进行区域分割或围合。（图8.12）

● 通透的空间界面

当开放式空间周围需设置办公空间时，可利用玻璃隔墙、灵活隔断等通透的界面材质替换实体墙面，在实现空间分隔的同时保持视线连续，便于老年人与工作人员的视线交流。如在北京某社区养老服务设施中，围绕就餐区这一老年人主要活动

图8.11　上海某设施日间照料区平面设计及现场照片

图8.12　上海某些设施的家具选择

的场所布置的办公室、医务室、后厨的空间界面，皆采用玻璃材质，满足工作人员与老年人之间的视线交流的需求。（图8.13）

• 开放的门窗洞口

若设施内墙体过多造成空间封闭，可通过拆除部分非承重墙体，提高空间连通性和视线通达性。对于无法拆除的承重墙体，可通过结构加固改造，对封闭房间和墙体进行局部打通，或利用原有的门窗洞口，实现各空间之间的视线通达。（图8.14）

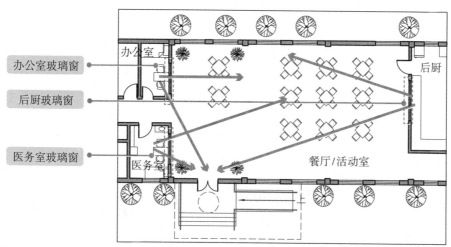

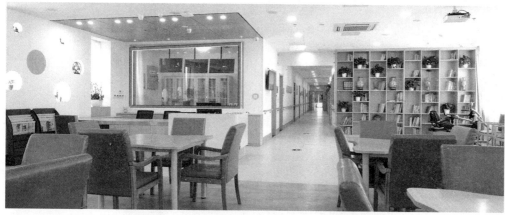

图8.13　北京某设施采用玻璃界面加强视线联系

图8.14　上海某设施（左）和德国某设施（右）利用打开的的门窗洞口加强视线联系

- **开放的服务台（区）**

设施内部分后勤服务空间也可采用开放式的布局方法如：将接待、服务和办公区结合在一起，以综合服务台的形式设置在就餐区、多功能活动区中，服务台宜设置成岛状，方便工作人员对各个方向进行观察。（图8.15）

- **联通的室内中庭**

当设施为多层建筑时，在条件允许的前提下设置通高的中庭，实现不同楼层之间的视线交互。（图8.16）

8.11 一室多用和分时利用，提高空间使用效率

社区养老服务设施多为综合型服务设施，其服务功能多样，需要充足的使用空间。但部分设施由于建筑规模较小、空间局促、改扩建受限、设施空间与使用需求

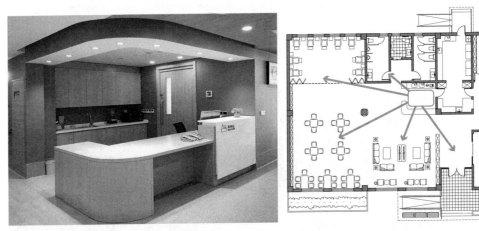

图8.15 济南某设施的岛状服务台

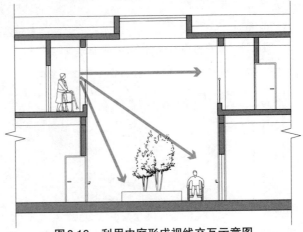

图8.16 利用中庭形成视线交互示意图

存在一定的差距，导致老年人的生活空间不足。因此，在平面设计中应充分利用有限的面积，挖掘空间潜力，将老年人生活空间集中、开放、灵活布局的同时，还可通过一室多用、分时利用的空间组织方式，提高空间利用率。

- **采用灵活隔断**

社区养老服务设施的公共活动区多为开放式大空间，为了充分发挥空间潜力，提高空间利用率，可以通过折叠门、推拉门等可变的隔断对大空间进行灵活分割，以实现不同使用需求时空间的灵活转换。（图8.17）

- **采用可变家具**

社区养老服务设施内举办的活动种类较多，常见活动形式有讲座类、社交类、运动类、手工类等，不同活动的平面组织方式各不相同。为了满足各类活动的有序开展，设施应采用轻便、可变的家具形式，通过对家具的不同组合实现空间功能的转换。例如图8.18中所示的梯形桌，可以根据活动的组织形式、参与人数、空间规模灵活调整其布置方式，达到空间一室多用的目的。

- **空间分时利用**

空间分时利用指将不同功能融合在一个空间，利用不同活动的时间差形成空间

图8.17　济南某设施的灵活隔断

图8.18　可折叠可移动的灵活家具

的重复利用。如：就餐区采用可灵活组合的桌椅，用餐时间以外成为文化娱乐空间；日间休息区采用折叠沙发、按摩床等可转换式床具，午休时间以外成为文化娱乐或康复理疗空间。（图8.19）

- **空间定时周转**

定时周转是指用一个空间轮换实现不同的功能，如辅具租赁、康复理疗、理发和足部护理可共一个空间，每日轮流提供不同的服务。值得注意的是，若采用定时周转的方式实现空间使用功能的多样性和灵活性，还应在周围配备充足的储藏空间，如结合开放空间设置储藏间或壁柜，以便功能转换时解决家具、设备的储存问题。（图8.20）

8.12　注意室内外空间相互呼应

社区养老服务设施除室内空间外，一般还应提供室外、半室外的场地供老年人进行户外活动。室外活动场地应布置在老年人经常停留的区域附近，例如可以在日间照料区的就餐区、多功能活动区及居住区的单元起居厅外设置休闲健身场地，在日间休息区、老年人居室外设置观景露台等。室内外空间相互呼应，动静一致，避免二者之间的噪声干扰。（图8.21）

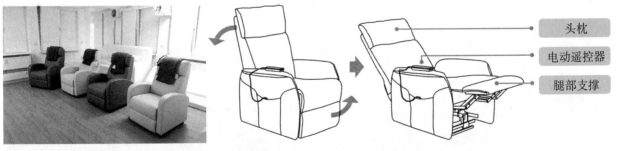

图8.19　德国某设施内日间休息区的电动可折叠沙发椅

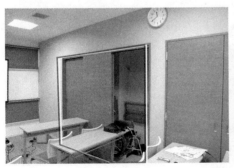

图8.20　日本某设施活动室的储藏区

　　一般来说，社区养老服务设施的室外活动场地大多设置良好的绿化景观，对老年人的身心具有一定的疗愈作用。在设计时，除了丰富场地的植物配置和景观元素外，还应注意提高室内外界面的通透性，例如可以采用玻璃幕墙、落地窗等形式，既为室内活动的老年人提供很好的视野，方便其欣赏室外景观、观看人群活动状况，吸引他们亲近自然，放松身心，呼吸新鲜空气；又方便在户外活动的老年人从室外观看室内的生活场景。（图8.22）

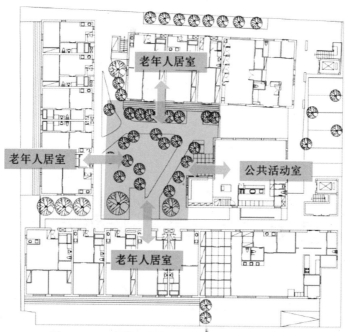

图8.21　日本某设施室外场地与室内空间的关系

图8.22　德国一些设施老年人生活区域外的景观

9. 构建舒适健康的室内物理环境

为社区养老服务设施构建高质量的室内环境，其中物理环境状况是重要的基础条件，直接关系到老年人的健康与舒适。（图9.1）室内物理环境主要包括光环境、热环境、声环境和空气质量。

图9.1　为设施室内空间建立良好的物理环境

9.1　重视老年人生活空间的自然采光与日照

自然采光与日照是社区养老服务设施室内光环境的重要影响因素，特别是应重视老年人生活空间的自然采光，尽量多地争取日照，为室内形成好的光环境奠定基础。

● 自然采光与日照的作用

自然采光与日照的主要作用是让室内空间形成明亮、通透、舒适的环境氛围，使老年人获得愉悦的身心感受。另外，日照还对环境卫生及老年人身体有着良好作用，太阳光中的紫外线有助于杀菌，晒太阳则有助于改善老年人普遍存在的骨质疏松问题。

● 自然采光与日照的设计要点

老年人生活空间是社区养老服务设施自然采光设计中需要重点关注的部分，在用地规划布局、建筑平面布局和外观造型设计中均应着重考虑。

（1）用地规划布局时，应将建筑设置在自然采光和日照条件较好的位置，尽量避免周边建筑的遮挡。

（2）建筑平面布局时，应保证老年人生活空间均能够获得自然采光，避免设置在黑房间中，引起不适的感受。多功能活动区、就餐区、日间休息区、老年人居室和入住区起居厅等应设置在日照条件好的朝向，如南、东、西等朝向，以便获得太阳光的直射，使老年人在室内就能晒到太阳。日照条件的优劣一般用有效日照时数进行衡量，需满足相关规范的要求，即冬至日有效日照时数不低于2小时[1]。若由于用地条件的限制，上述空间不能全部满足日照要求，则应至少保证其中有一处符合

① 参见《老年人照料设施建筑设计标准》JGJ450-2018。

相关规范的要求。

（3）建筑外观造型设计时，开窗面积应当符合相关规范的要求，即多功能活动区、就餐区、日间休息区、老年人居室和入住区起居厅等的窗地比需大于等于1∶6。（表9.1）在保证节能、保温的前提下，宜扩大老年人生活空间的开窗面积，以提升自然光的入射量，令室内更加明亮、通透。（图9.2–图9.3）

表9.1　老年人生活空间的窗地面积比[①]

房间名称	窗地面积比（Ae/Ad）
多功能活动区、就餐区、日间休息区、老年人居室和入住区起居厅等	≥1∶6
公用卫生间	≥1∶9

（4）当设施由于被周边建筑遮挡而致外墙开窗受限，或由于自身进深较大而致内部采光不佳时，可通过设置内院、中庭、天井或开设高窗和天窗等方法对老年人生活空间的自然采光和日照条件进行改善。

（5）在部分地区的设施中，当老年人生活空间设置在西向或室内日照过强时，宜采取一定的遮阳措施，如设置遮光板、遮光帘等。

① 参见《老年人照料设施建筑设计标准》JGJ450–2018。

图9.2　增大开窗面积，加强自然采光

图9.3　避免自然采光不佳

9.2　通过人工照明改善室内光环境

同自然采光与日照一样，人工照明也是室内光环境的重要设计内容，可以有效地调整室内不同区域的照度，满足使用需要。（图9.4）

图9.4　人工照明有效调节室内光环境

- **人工照明的作用**

人工照明有改善室内光环境的作用。尤其在自然采光受天气、时间等条件限制无法满足室内空间的使用需求时，人工照明提供了更为稳定且长效的光源。另外，当如走廊等室内空间无法获取自然光，或自然采光条件不佳时，人工照明也能起到辅助与补充作用。

- **人工照明的设计要点**

（1）保证照度达标。老年人的视觉随身体机能下降而衰退，且常有眼部疾病发生，因此，社区养老服务设施室内人工照明的照度标准宜较其他建筑适当提高。（表9.2）（图9.5）

表9.2　社区养老服务设施中主要空间（用房）的室内照明标准参考值[①]

空间或场所	活动形式	参考平面及其高度	照度标准最小值（lx）
接待区	—	—	≥ 200
就餐区、专项活动区、多功能活动区、日间休息区、康复理疗区、心理慰藉区等	一般活动	—	≥ 200
	书写、阅读、手工		≥ 300
老年人居室	一般活动	0.75m 水平面	≥ 150
	床头、阅读		≥ 300

① 参见《城市既有建筑改造类社区养老服务设施设计导则》T/LXLY0005–2020。

空间或场所	活动形式	参考平面及其高度	照度标准最小值（lx）
入住区起居厅	一般活动	0.75m 水平面	≥ 200
	书写、阅读		≥ 500
卫浴空间	—	—	≥ 200
走廊、楼梯间	—	—	≥ 150
候梯厅	—	—	≥ 150

（2）室内各空间照度要均匀。老年人对不同亮度差异的适应能力有所下降，因此，室内空间各处的照度宜均匀，不宜差异过大，应避免产生强烈的明暗对比，注意减少阴影暗区。

（3）光源需具备良好显色性。老年人辨色能力降低，有较好显色性的光源有助于其更好地辨识物体颜色，因此，宜选用显色性好的光源，推荐选用显色指数 Ra > 85 的光源。

（4）宜以暖光源为主。暖光源有助于形成温暖的光环境，更契合社区养老服务设施的室内要求，因此，在接待区、多功能活动区、就餐区等主要老年人生活空间，宜选用色温不高于4000k的光源。

（5）采用一般照明加局部照明的形式。根据各空间的不同使用需求与方式进行人工照明精细化设计。例如，多功能活动区宜在老年人视觉作业（如阅读、手工活动等）的部位增加局部照明，老年人居室则宜在床头增设阅读灯。

（6）避免产生眩光。老年人易受眩光影响而产生视觉混乱，容易发生眩晕或是视物不清，从而导致磕碰、摔倒等情况，因此，人工照明设计需防止眩光。在选取灯具时宜尽量采用间接型灯具，如带有磨砂灯罩的灯具等，若采用了直接型灯具，如筒灯、格栅灯等，应选择有防眩光处理的产品。

（7）有托养入住功能的社区养老服务设施，宜设置一些光线柔和的夜灯等设备，方便老年人夜间使用。

图9.5　人工照明需保证照度

9.3　提升室内环境的热舒适性

社区养老服务设施的室内空间应当具有适宜的温度湿度[①]，保证老年人身体的热舒适性，在设计中应结合项目所在地区的气候特点进行针对性设计。

（1）要保证设施室内空间具有适宜的温度。需注意冬季防寒保暖、夏季防暑降温，需根据不同季节的温度变化调节好室内空间的热环境，保证老年人身体的舒适度。

（2）要做好设施室内空间的湿度调节。气候干燥的地区宜配备加湿设备，适时、适度增加空气湿度。气候潮湿的地区，尤其是湿热地区，因为湿度过大会使汗液蒸发变得困难，对老年人来说更易造成身体不适，夏季易发生中暑等情况，所以，应注意配备除湿设备，并加强通风，以降低室内空气湿度。

（3）需根据不同气候区的差异，进行有针对性的设计采暖、防热。冬冷地区应注意保温，墙体构造上应设置保温层，设备配置上应安装暖气、空调等室温调节设备，以便冬季为老年人提供温暖的环境。夏热地区应注意防暑降温，可在屋面等处做隔热设计，在窗户处加设遮阳板、百叶等，也可以为设施建筑加设外廊等灰空间，以起到隔热降温的作用，这些都有利于夏季室内热环境的改善。

（4）室内设备安装需要避免风口正对老年人，温度调节应缓和适宜，防止过冷或过热，避免引发老年人的身体不适与感冒。

（5）为室内增设一些景观元素可以起到调节热环境的作用。例如，可在室内空间布置水池、绿植等，这有助于夏季降温防暑。

9.4　充分利用自然通风

社区养老服务设施应当尽可能多地利用自然通风来改善室内热环境，即利用自然风压、空气温差等，通过开启的门窗使室内外空气流动和交换。

● **自然通风的作用**

自然通风的主要作用是提升室内空气洁净度，降低湿度，促进老年人健康，在春、秋和夏季加强自然通风还能有效节约空调能耗，降低运营成本。由于老年人身体易受环境影响，长时间使用空调设备会给其带来不适感，并易导致感冒等疾病的发生，因此，应当更多地利用自然通风来改善室内热环境，减少人工设备调节带来的不利因素。

● **自然通风的设计要点**

（1）用地规划布局时，建筑的布局方向宜选择迎着夏季主导风向的方向，以便

① 详细要求参见《老年人照料设施建筑设计标准》JGJ450-2018。

室内空气交换更新，起到夏季降温的效果。此外，应注意地域性差异，如北方地区还应注意对冬季主导风向来风的遮挡，避免加剧冬日的寒冷。

（2）建筑平面布局时，应当将老年人生活空间布置在自然通风条件好的位置。

（3）门窗开启扇的设置位置应有利于形成有效的穿堂风。

（4）在保证节能、保温前提下，宜适度增加老年人生活空间窗户开启扇的数量与面积，从而有效增大通风量。

（5）当建筑存在进深较大而导致室内通风不良时，可通过适当加大部分公共空间的开放程度，让空气在更大范围内形成循环与流通，来增强自然通风的效果，也可以利用天井、高低窗组合等设计手法，形成烟囱效应，以提高空气的流动性。（图9.6）

9.5　营造宜人的室内声环境

社区养老服务设施应注意营造良好的声环境，避免噪声对老年人的干扰。

（1）老年人生活空间的声环境设计应符合现行规范的要求[1]，允许噪声级需达到标准要求（表9.3）。

表9.3　室内允许噪声级

房间类别	允许噪声级（等效连续 A 声级，dB）	
	昼间	夜间
老年人居室	≤ 40	≤ 30
日间休息区	≤ 40	
多功能活动区、就餐区、接待区	≤ 45	
健康指导区、康复理疗区	≤ 40	

① 参见《老年人照料设施建筑设计标准》JGJ450-2018。

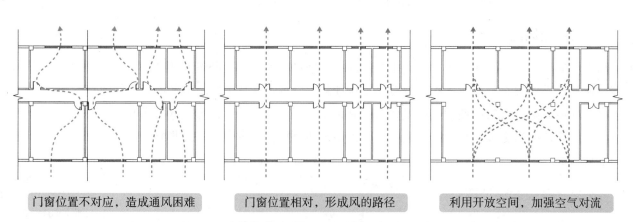

门窗位置不对应，造成通风困难　　门窗位置相对，形成风的路径　　利用开放空间，加强空气对流

图9.6　应使室内空间具有良好的自然通风条件

（2）用地规划和平面布局时，应规避外部噪声的干扰。老年人生活空间应当尽量避开有城市噪声源的朝向，宜选择面向内部场地或景观植被等安静区域的朝向。

（3）做好墙体、楼板的隔声处理，老年人居室、日间休息区等的隔墙应当采用隔声性能好的墙体材质，应在电梯、机房等部位增加隔声措施，并应避免将老年人居室和日间休息区与电梯、机房相邻设置。

（4）接待区、就餐区、多功能活动区等面积较大的空间和走廊应注意增加吸音措施，可在界面材料选择时，如在墙面、天花等处选用矿棉吸声板、穿孔石膏板、微孔砂吸声板等材质，起到吸音降噪的作用；在地面选材时，宜选用地胶等具有静音作用的材质。

9.6 保证良好的空气质量

老年人身体免疫机能下降，属于易感人群，更容易受到不良空气质量的影响，室内环境中的甲醛等挥发物、颗粒物等都会严重影响其身体健康，因此，社区养老服务设施应注意室内空气质量的调节与保持。

（1）室内空间应当保证良好的通风换气条件。室内废气的产生与积累对老年人影响很大，及时通风换气有助于改善空气质量，保持空气新鲜，利于提高老年人的舒适感。

（2）门窗应当具有可靠密闭性。雾霾、粉尘等污染天气发生时，老年人更容易受到影响，引发呼吸道疾病等病症，此时应当尽量使室内处于密闭状态，并宜配备空气净化设备，改善室内空气质量。

（3）避免使用有污染的室内装修材料，减少甲醛等污染物的挥发，项目投入使用前应当进行有害物质检测，并进行开窗通风、除甲醛等工作，保证室内空气质量（表9.4）。

表9.4 室内环境污染物浓度限量[①]

污染物名称（单位）	浓度限量
氡（Bq/m^3）	≤ 200
游离甲醛（mg/m^3）	≤ 0.08
苯（mg/m^3）	≤ 0.09
氨（mg/m^3）	≤ 0.2
TVOC（mg/m^3）	≤ 0.5

（4）可在室内增设空气质量调控设备。例如，可以采用小型VRV空调或集中空

① 参见《老年人照料设施建筑设计标准》JGJ450-2018。

调，适时补充新风，提高换气量，起到调节空气质量的作用；可以加装除尘净化设备，起到净化空气的作用；也可以引用智能检测设备、加装智能开启设备等，对室内空气质量进行动态检测与调节。

9.7 做好防病、防疫设计

应考虑增加传染病防控措施。

（1）加装紫外线杀菌灯等消毒设备，辅助日常卫生清洁与疾病预防。

（2）注重门斗的防疫功能，设置门斗做为室内外过渡空间，在此进行消杀、清洁等，有条件的还可在门斗或附近配置洗手池等方便老年人使用。

（3）有托养入住服务的设施，一方面要注意控制组团人数不要太多；另一方面各组团之间应能够在疫情发生时实现相互隔离；同时，还可以结合康复保健用房设置可转换的隔离房间；此外，宜为老年人居室设置单体空调，以便疫情发生期间可以独立使用，防止开启中央空调给疾病传播带来风险。

10. 完善无障碍的环境设计

无障碍设计是衡量社区养老服务设施适老化的重要依据之一。由于老年人身体机能下降、行动能力受到制约，其行走、活动时常存在不便与困难，因此社区养老服务设施应具备完善的无障碍环境，既可为老年人提供安全的使用条件，也可辅助老年人进行自主活动，延长其自理生活的时间。

10.1　关键部位和构成要素

社区养老服务设施无障碍设计主要涉及两类空间：通行空间与老年人生活空间，与此相关的关键部位、无障碍设计主要构成要素内容如表10.1所示。

表10.1　关键部位、主要构成要素[1]

设施建筑无障碍设计	关键部位	无障碍设计主要构成要素					
		空间尺寸	高差处理	地面材质	扶手安装	门的选型	家具设备
通行空间	建筑出入口	√	√	√	√	√	
	走廊、通道	√	√	√	√	√	
	候梯厅	√		√	√		
	电梯	√		√	√	√	
	楼梯	√	√	√	√		
老年人生活空间	老年人居室	√	√	√		√	√
	卫浴空间	√	√	√	√	√	√
	其他			√		√	√

10.2　无障碍出入口

社区养老服务设施供老年人使用的建筑出入口是无障碍设计的关键部位之一。每个设施均应设置无障碍出入口，其主要由出入口外部人行道、轮椅坡道、台阶、休息平台、雨棚、扶手、外门等要素构成。

• 出入口内外空间尺寸满足无障碍通行所需

无障碍出入口应满足老年人的通行需求，尤其是满足轮椅老年人的通行需求，应保证适宜的空间尺寸。

首先，在通过无障碍出入口进出设施时，轮椅老年人需要足够的空间完成通行、转向，因此，出入口外部人行道、轮椅坡道、休息平台、外门等处应满足相关规范[2]的尺寸要求，如：出入口外部人行道宽度不宜小于1.5m；轮椅坡道的通行净宽不应

[1]　参见《城市既有建筑改造类社区养老服务设施设计导则》T/LXLY0005-2020。
[2]　参见《无障碍设计规范》GB50763-2012。

小于1.2m；休息平台保证外门开启后的深度不小于1.5m；（图10.1）门开启净宽不应小于800mm等。

其次，步行老年人通过台阶出入设施时，需要保证踩踏稳定，同时考虑到部分老年人抬腿吃力，因此台阶踏步不宜过陡，踏步宽度不宜小于300mm，高度不宜大于150mm。

最后，老年人在雨雪天出入设施时，完成撑伞、收伞等动作相对缓慢，为了不让他们在此时淋湿，无障碍出入口上方应当设置雨棚，且其尺寸宜覆盖休息平台、台阶和轮椅坡道；无障碍出入口外设落客区时，雨棚还可适度延伸，覆盖乘车老年人上下车辆一侧的空间。（图10.2）

● **根据具体条件，合理进行高差处理**

为了防止雨水倒灌和防潮防湿，建筑出入口处通常设有高差。在社区养老服务设施中，不当的室内外高差处理会影响老年人的通行，导致轮椅老年人无法自行通过，存在不便和安全隐患，因此应合理进行高差处理，保证无障碍通行条件。

高差处理方式应根据具体高差和场地条件情况加以设置，无障碍出入口通常可以分为以下几种形式：平坡出入口、设置轮椅坡道的出入口、设置升降设备的出入口。

图10.1　休息平台放大方便轮椅转向

图10.2　雨棚宜覆盖出入口休息平台、台阶、轮椅坡道

当室内外高差较小，出入口外部场地充足，宜采用平坡出入口，平坡坡度不应大于1:20，场地条件较好时，不宜大于1:30。平坡出入口是比较好的高差处理方式，宜优先选用，缓和的坡度降低了轮椅行进的难度，也让步行老年人感觉不到高差的过渡，通行更加轻松。（图10.3）

当室内外高差较大，但无法采用平坡时，可采用设置轮椅坡道的无障碍出入口，轮椅坡道的坡度不应大于1:8，且最大高度和水平长度应符合现行规范的要求（表10.2）。需要注意的是，此种出入口一般还同时设置台阶，以便选择使用。（图10.4）

表10.2　轮椅坡道的最大高度和水平长度[①]

坡度	1:20	1:16	1:12	1:10	1:8
最大高度（m）	1.20	0.90	0.75	0.60	0.30
水平长度（m）	24.0	14.40	9.00	6.00	2.40

注：其他坡度可用插入法进行计算。

当室内外高差较大，空间狭小，不足以设置平坡或轮椅坡道时，可采用设置升降设备的出入口，常见的升降设备有：轮椅升降机、斜挂式平台电梯、座椅电梯和电梯等。（图10.5）

① 参见《无障碍设计规范》GB 50763–2012。

图10.3　平坡出入口

图10.4　设置轮椅坡道

● 地面需平整，界面材料应防滑

无障碍出入口的外部人行道、轮椅坡道、台阶和休息平台的地面应保证平整，避免铺装出现高低不平和细小高差。地面选材应具备防滑防水性能，避免选用遇水湿滑的材料，消除老年人的通行隐患。地面材料的防滑性能参见现行规范。（表10.3）

表10.3　室外潮湿地面工程防滑性能要求[①]

主要用途	防滑等级	防滑安全程度	防滑值 BPN
无障碍通行设施的地面	Aw	高	BPN ≥ 80
无障碍便利设施及无障碍通用场所的地面	Bw	中高	80 > BPN ≥ 60

注：Aw、Bw分别表示潮湿地面防滑安全程度为高级、中高级。

● 正确安装扶手

无障碍出入口需要安装扶手的位置有轮椅坡道、台阶、休息平台。为方便老年人使用，保证安全，扶手的形式与安装需正确[②]，如：扶手应安装稳固，有可靠的安全措施；扶手高度通常应为850-900mm，形状要易于抓握，其中圆形扶手的直径应为35-50mm，不宜过粗或过细；扶手应明显、易于识别，且宜选用有较好摩擦力的防滑材质，且宜具有较好的热惰性，方便老年人借力的同时确保体感舒适，可以选择树脂作为扶手表面材质；在无障碍出入口外安装扶手时，还应注意避免阻断外部

① 参见《老年人照料设施建筑设计标准》JGJ450-2018。
② 参见《无障碍设计规范》GB50763-2012。

图10.5　设置升降设备

通行，尽量避免过多占用室外步行道。（图10.6）

● 正确选择外门形式

外门的开启净宽应当足够轮椅通过，不应小于800mm。在选型时应尽量避免选用有门槛的门（图10.7），因为门槛会形成细小高差，导致老年人磕绊、摔倒，并阻碍轮椅老年人自行通过。当不可避免留有门槛时，其高度不应大于15mm，并应以斜面过渡，方便轮椅通行。同时，门扇应便于开关，且开启方式应避免干扰休息平台、轮椅坡道等的使用，条件允许时，可采用电动门，电动门开启后通行净宽不应小于1.00m。为了方便老年人在出入口处观察，还应采用透明的门或设置方便老年人使用的观察窗。

图10.6　扶手安装应注意避免阻断室外通行

无障碍出入口设有轮椅坡道，但却设置了门槛，使轮椅老年人通行受阻

门选用了有门槛的形式，对轮椅老年人的通行造成阻碍，同时也易使步行老年人发生绊倒等危险

图10.7　留有门槛，阻断轮椅通行

10.3　走廊与通道

　　走廊与通道是社区养老服务设施室内的主要通行空间，起着联系各类功能空间的作用，应满足无障碍设计要求。

● 通行净宽符合使用需求

　　走廊的通行净宽应满足人员、轮椅等的通行、转向、错行需求，并满足运输的需要，因此应保证适宜的净宽。通常供老年人使用的走廊的通行净宽不应小于1.8m[①]（图10.8），设计时还需考虑扶手、暖气对通行净宽的占用。对于部分改造类项目，由于原有用房条件不足通行净宽无法达标时，则宜利用走廊拐弯、交错、房间入口进行局部空间放大，以便轮椅转向或错行。

　　同时，室内空间中的通道也需保证适宜的净宽，在布设家具陈设时，应规划好轮椅通行路径，并保证该路径上的通行净宽不小于1.2m[②]。

● 消除地面高差

　　走廊与通道中的地面应平整，避免出现容易造成老年人绊倒的细小高差。当走廊与通道中存在较大高差时，则应增设轮椅坡道或升降设备。（图10.9）

[① 参见《老年人照料设施建筑设计标准》JGJ450-2018。]
[② 参见《无障碍设计规范》GB50763-2012。]

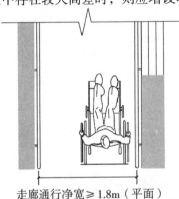

走廊通行净宽≥1.8m（平面）　　　走廊通行净宽≥1.8m（剖面）

图10.8　公共走廊的通行净宽计算方式（从扶手中心线计算）

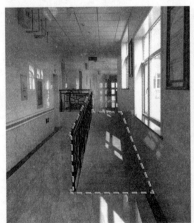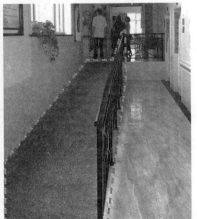

图10.9　走廊设置轮椅坡道完成高差过渡

● **地面材质需防滑有弹性，避免眩光**

为了防止老年人滑倒，走廊与通道的地面材质应具有较好的防滑性能，且宜采用弹性材料，降低摔伤概率，如选用地胶等弹性防滑材质。此外，老年人视力水平下降，容易受到地面反射的眩光干扰而产生视觉混乱，因此，应采用哑光表面的材料，避免选用有反光或镜面的材料。（表10.4）（图10.10）

表10.4　室内干态地面工程防滑性能要求①

主要用途	防滑等级	防滑安全程度	防滑值 COF
通行空间的地面	Ad	高	COF ≥ 0.70
老年人生活空间的地面	Bd	中高	0.7 > COF ≥ 0.60

注：Ad、Bd分别表示干态地面防滑安全程度为高级、中高级。

● **保证扶手的连续性**

部分老年人力气不足、行走速度缓慢、缺乏稳定性，因此，走廊应安装连续扶手，使老年人能够在行走、通行时获得连续的辅助支撑点。扶手应安装在走廊两侧，方便来往老年人分别使用。当走廊中部分空间一侧呈开放状态时，可以利用矮墙、家具等提供撑扶点，替代扶手功能。当扶手遇到房间门、设备间门、管井门等，可采用一些变通的安装方式，如，管井门处可采用能够临时抬起的活动扶手。此外，扶手材质宜具有好的防滑性能与热惰性指标，且使用中应当避免扶手被遮挡、被占用。（图10.11-图10.13）

① 参见《老年人照料设施建筑设计标准》JGJ450-2018。

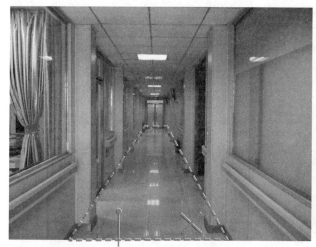

走廊地面选用了硬质光面材料，防滑防跌性能欠佳，且存在眩光，容易引发安全事故。

走廊宜采用防滑弹性材料，如地胶即为适宜的材质，有防滑防跌性能且表面无眩光，提供较安全通行环境。

图10.10　走廊地面选材

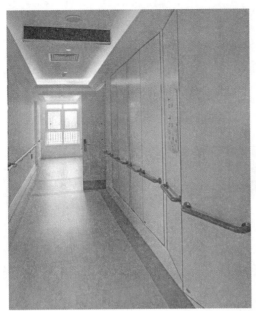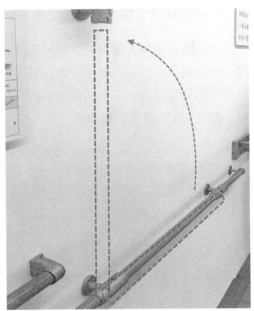

图10.11 门上的接续扶手，灵活可抬起的扶手

走廊仪安装了单侧扶手，且扶手材质为金属材质，触感冰冷。

应在走廊两侧安装扶手，扶手宜选用树脂等防滑性能好，且热情性指标好的材质。

图10.12 扶手的材质需适宜

图10.13 应避免扶手在使用中被遮挡、被占用

• 门的选型需正确

为了方便老年人通行，满足轮椅使用需求，走廊中设置的房间门、公共卫生间门、助浴间门等应采用正确的形式。其一，门的开启应避免影响通行净宽，必要时可以采用内缩的形式（图10.14），防止门扇开启后占用走廊空间。其二，门的通行净宽需满足轮椅通行需求，通常不应小于800mm，有条件时不宜小于900mm，通行净宽计算以开启的大小为准，需排除门框宽度[①]。其三，应尽量避免选用有门槛的门，防止门槛造成的细小高差阻碍通行，带来安全隐患；当不可避免留有门槛时，门槛高度及门内外地面高差不应大于15mm[②]，并以斜面过渡。其四，为方便轮椅老年人开启，宜选用推拉门。其五，为方便观察老年人情况，门扇上宜设置观察窗，方便护理人员看护使用。

10.4　候梯厅与电梯

社区养老服务设施的建筑楼层为二层及以上时应设置无障碍电梯，满足老年人的使用需求。

• 轿厢应可容纳担架

为了使设施内的老年人、尤其是轮椅老年人能够方便地使用，无障碍电梯轿厢的最小规格应符合现行规范要求[③]，可容纳担架，兼顾日常和急救使用需要。

• 候梯厅应满足担架转向需要

候梯厅是老年人出入电梯的过渡空间，如有特殊情况，需急救送医、转运老年

①② 参见《无障碍设计规范》GB 50763–2012。
③ 根据《无障碍设计规范》（GB50763–2012）3.7.2条中第6小条的规定，轿厢的规格应依据建筑性质和使用要求而选用。最小规格为深度不应小于1.40m，宽度不应小于1.10m；中型规格为深度不应小于1.60m，宽度不应小于1.40m；医疗建筑与老人建筑宜选用病床专用电梯。

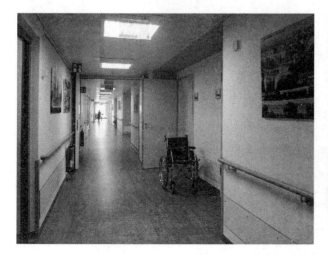 

图10.14　房间入口处内缩，以免开门时影响通行

人，也会有担架等设备经此进出电梯，因此，候梯厅的空间尺寸需满足上述通行需要，深度宜不小于1.80m^①，方便轮椅、担架转向、通行。

• 做好细节设计

无障碍候梯厅和电梯的设计中还有一些细节需要注意：其一，候梯厅与电梯轿厢之间的地面不应有高差，以便让轮椅顺利通过；其二，轿厢门的开启净宽不应小于800mm，满足轮椅、担架等进出需求；其三，轿厢正面应安装镜子或采用镜面材料，以便轮椅老年人观察后面的情况；其四，轿厢应设置扶手，方便老年人撑扶。（图10.15）

10.5 楼梯

在社区养老服务设施中，楼梯是一些步行老年人会使用到的垂直交通空间，部分设施还会利用其作为老年人康复锻炼的空间，因此供老年人使用的楼梯应符合无障碍设计要求。

• 楼梯应保证尺寸合理

为方便老年人通行，宜选用直线形楼梯，应避免采用弧形楼梯和螺旋楼梯，踏步尺寸应均匀一致，且不应过于陡峭，踏步宽度不应小于280mm，高度不应大于

① 参见《无障碍设计规范》GB50763-2012。

图10.15 无障碍电梯设置扶手与镜面

160mm[①]，楼梯的净宽不应小于1.2m，以便老年人对向通行时，可以顺利错开。

● **做好细节设计**

无障碍楼梯的设计，还有一些细节需要注意：其一，楼梯宜安装双侧扶手，扶手安装需稳固，材质应防滑，且具有舒适体感。其二，楼梯地面材质应选用防滑材料，宜具有弹性。其三，不应采用无踢面和直角形突缘的踏步，踏面前缘宜做防滑设计，但踏步应保证平整，其上所有的防滑条、警示条等附着物均不应突出踏面。（图10.16）

10.6 老年人居室

在社区养老服务设施中，老年人居室是其长时间停留的空间，通常由起居、睡眠、通行、卫浴等功能区组成，应满足无障碍设计要求。

● **家具布局应符合通行需求，预留轮椅回转和护理空间**

为了保证老年人日常使用、轮椅通行与转向，以及护理人员进行护理活动等的需要，老年人居室在进行家具布局时应预留充足的活动空间。其一，主要通道的净宽不应小于1.05m[②]，居室内应留有轮椅回转空间，空间受限时，可以利用居室入口、卫生间门口、床边等区域形成轮椅回转空间，例如：可以将卫生间门口做斜向切角处理，使局部空间得以扩大。其二，床具旁边应留有护理、急救操作的空间，相邻床边的长边间距不应小于0.8m，以便护理人员进行护理，如将床具沿墙摆放，扩大活动空间。

● **做好细节设计**

老年人居室的无障碍设计还有一些细节需要注意：其一，地面材质应防滑，且具有弹性，并具有较好的吸音效果，如采用地胶、木质地板等；其二，门的类

① 参见《无障碍设计规范》GB50763-2012。
② 参见《老年人照料设施建筑设计标准》JGJ450-2018。

图10.16 楼梯设置双侧扶手，地面材质为地胶，踏步前缘设置有防滑条

型应注意避免选用带有门槛的形式，保证通行净宽，具备条件时可采用易于开启的推拉门或电动门。

10.7 卫浴空间

在社区养老服务设施中，卫浴空间是老年人日常生活的重要服务空间，此类空间面积一般较为狭小、设备较多、地面易有水渍。由于部分老年人行动不便，往往最易在此发生危险，所以必须满足无障碍设计要求。卫浴空间一般包括：公共卫生间、老年人居室卫生间、助浴间等。

● 空间尺寸需合理

卫浴空间应具备适宜的空间尺寸，让老年人使用起来更为方便。其一，设施应设置无障碍卫生间，或在公共卫生间设置供轮椅老年人使用的无障碍厕位。无障碍卫生间面积不应小于4.00m²，应方便轮椅老年人出入、回转，洁具设备之间预留直径不小于1.50m的回转空间。其二，面积较小的老年人居室卫生间，可以利用放大的门洞作为轮椅转向空间。

● 做好排水，消除地面高差

由于地面排水要求，卫浴空间很容易出现地面高差，如：卫生间入口、助浴间入口和厕位入口等处都易出现高差，给老年人带来很大不便。因此，新建设施的卫浴空间，应通过降板等处理做好排水设备的空间预留，消除地面高差。改造类项目则可根据具体条件采用下层排水、局部地面下挖、改用薄型地漏和内外地面找平等方法，取消或降低地面高差。此外，为防止卫浴空间地面水外溢，还可在入口处采用条形地漏。（图10.17）

图10.17　处理好地面排水，避免留存地面高差

• 采用遇水防滑的地面材质

卫浴空间地面常会留存水渍而变得湿滑，加大了老年人滑倒的风险，是老年人发生跌倒事故频率很高的空间。因此，卫浴空间的地面选材应保证防滑性能，尤其是需具有遇水防滑的性能，确保老年人活动的安全。参照对于地面防滑等级及防滑安全程度的规范要求来进行地面选材。（表10.5）

表10.5　室内潮湿地面工程防滑性能要求[①]

主要用途	防滑等级	防滑安全程度	防滑值 BPN
有水的通行空间的地面	Aw	高	BPN ≥ 80
有水的老年人生活空间的地面	Bw	中高	80 > BPN ≥ 60

注：Aw、Bw分别表示潮湿地面防滑安全程度为高级、中高级。

• 选用便于老年人使用的洁具设备

卫浴空间的洁具选型关系到老年人的使用方便，对于身体力量不足与乘轮椅的老年人来说，若如厕设备、盥洗台等洁具选型不当，会出现难以使用的状况。例如，卫生间应选用坐便器，方便腿脚不好的老年人坐姿如厕；盥洗台应选择下部挑空或适当后缩的形式，其底部应留出供轮椅老年人膝部和足部前伸、移动的空间。（图10.18）

① 参见《老年人照料设施建筑设计标准》JGJ450–2018。

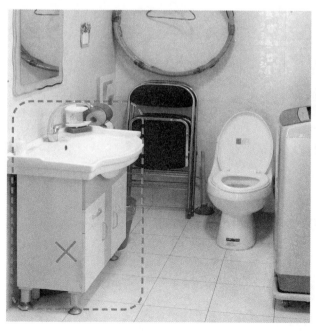 

图10.18　选择下部挑空或适当后缩的盥洗台形式

● 做好细部设计

卫浴空间的无障碍设计还需要注意一些细节设计，相关设计要点如下：

首先，由于老年人腿部力量有所下降，在卫浴空间中完成行走、站立、坐下、起身等动作时，需要扶手的辅助，因此在盥洗、如厕和洗浴设备附近应设置扶手，方便老年人撑扶，也有助于避免滑倒摔伤。扶手形式需方便抓握，并防滑、具有较好触感。（图10.19-图10.21）

其次，卫浴空间宜采用推拉门、折叠门或电动伸缩门，方便轮椅老年人开启，减少空间占用。门的通行净宽不应小于800mm。此外，当无障碍卫生间或厕位采用平开门时，门扇宜向外开启，防止危险发生时门被阻挡而无法开启，不便救援人员进入。

最后，盥洗池处的镜子宜做前倾设计，方便坐轮椅的老年人观察面部。

图10.19　适宜的L形扶手、双侧扶手

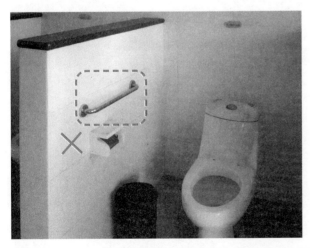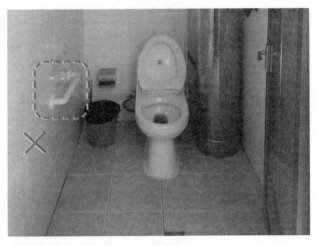

图10.20　避免扶手安装错误，且扶手距洁具不应过远使老年人够不到

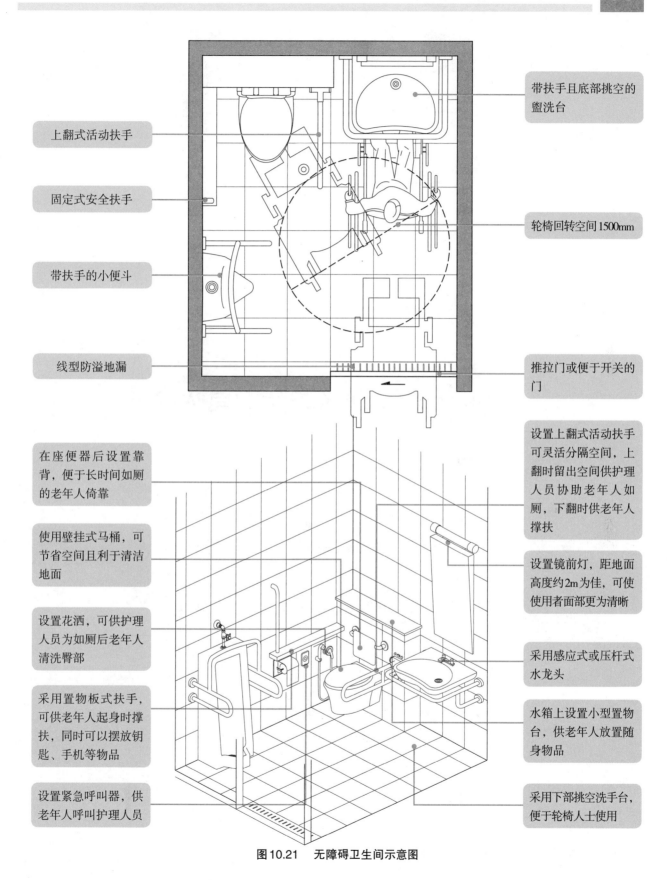

带扶手且底部挑空的盥洗台

上翻式活动扶手

固定式安全扶手

轮椅回转空间1500mm

带扶手的小便斗

线型防溢地漏

推拉门或便于开关的门

在座便器后设置靠背,便于长时间如厕的老年人倚靠

设置上翻式活动扶手可灵活分隔空间,上翻时留出空间供护理人员协助老年人如厕,下翻时供老年人撑扶

使用壁挂式马桶,可节省空间且利于清洁地面

设置镜前灯,距地面高度约2m为佳,可使使用者面部更为清晰

设置花洒,可供护理人员为如厕后老年人清洗臀部

采用感应式或压杆式水龙头

采用置物板式扶手,可供老年人起身时撑扶,同时可以摆放钥匙、手机等物品

水箱上设置小型置物台,供老年人放置随身物品

设置紧急呼叫器,供老年人呼叫护理人员

采用下部挑空洗手台,便于轮椅人士使用

图10.21　无障碍卫生间示意图

11. 选配灵活适用的家具陈设

为社区养老服务设施选配家具陈设，是室内装饰装修的重要环节。家具陈设是否合理适用，关系到老年人使用的安全与便捷，同时，家具陈设是否搭配得当，也对于室内环境氛围的营造起着重要作用。因此，家具陈设的选配应符合老年人的使用特点与需求。（图11.1）

11.1　选配符合老年人身体特征的家具

社区养老服务设施的家具选用应符合老年人的身体特征与使用特点，使他们获得舒适、轻松、方便等良好的使用感受。

接待台

休闲沙发、茶几

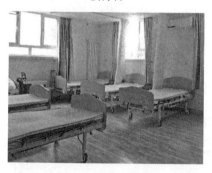

床具

储物柜、折叠桌

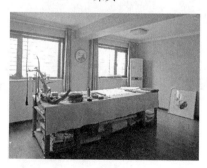

书画台

餐桌椅

图11.1　常见各类家具

• 选择高度适宜的家具

设施选用家具时，应根据老年人的身高选择高度合适的家具。如：老年人使用的吊柜不宜过高，以便让物品置于老年人取用方便的位置。如果吊柜过高会有部分隔层或挂衣杆件等位于高处，一方面老年人难以触及；另一方面老年人使用时可能会做出登高等不利安全的动作，易造成摔伤。目前，市场上已经出现内部挂衣杆件、分层隔板等可以通过机械装置降低到低位高度的家具，给使用带来很大的便利，也可以酌情选用。再如：老年人使用的低柜不宜过低，以便适合老年人下蹲、弯腰困难的身体状况，减少安全隐患。（图11.2）

• 家具宜对老年人完成动作有辅助作用

老年人身体力量下降，使用家具时动作完成难度加大，因此，选配的家具其样式应具有辅助老年人完成动作的功能特性。例如，老年人使用的沙发，宜选择高度与硬度适中且有扶手的样式。过低或过软的沙发，老年人起身时需付出较大的力量，应避免选用。配有扶手的沙发，有助于老年人撑扶借力，对起身动作的完成有辅助作用，是适宜的形式。另外，市场上已经出现电动沙发，能够利用沙发角度、高度的改变帮助使用者起身，有条件的设施可以酌情选用，为老年人提供更舒适的体验。又如，老年人使用的座椅，宜选用饰面柔软、硬度适中、配有扶手的样式，使用时的亲和度更好，不会带来坚硬、冰冷等不良触感。配有扶手的座椅，有助于老年人撑扶起身，同时，扶手也让座椅具有围合环抱的形态，就坐时老年人可以从侧方向得到扶手的支撑，提高舒适度的同时也起到围护作用，防止发生歪倒、侧翻。（图11.3-图11.5）

图11.2　挂衣杆件、分层隔板等可以通过机械装置调节高度和方位

• 重点家具需满足轮椅老年人使用需求

　　设施配置的家具，应当充分考虑轮椅老年人的需求，选用便于他们停靠、使用的形式。例如，接待区的接待台，其主要功能是供老年人在此停留，完成咨询信息、办理手续等事宜，其形式不仅需便于普通老年人就坐使用，还应满足轮椅老年人的需求。因此，接待台应选用适宜的形式，一方面应配有低位台面，高度便于坐姿使用；另一方面其台面下方应当做成内缩或挑空的形式，为轮椅留出前伸的空间，使轮椅老年人能够靠近台面使用。又如，就餐区、多功能活动区等空间配置的桌子，其桌腿的间距和桌面下的净高应满足轮椅插入和前伸的需要①。目前，市场上的凹口弧形桌子，形式上利于轮椅老年人靠近，可酌情选用。（图11.6–图11.8）

① 参见《无障碍设计规范》GB50763–2012。

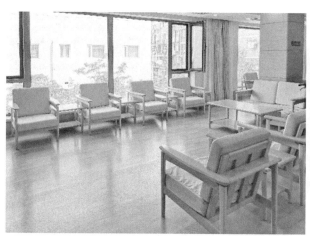

图11.3　具有适宜高度和一定硬度、有扶手的沙发

图11.4　面层坚硬、无扶手的座椅　　　　图11.5　饰面柔软、有扶手的座椅

图11.6　接待台下方应做成内缩或挑空的形式

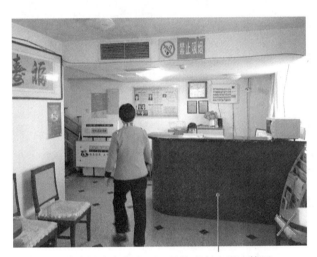

接待台仅有高位台面，轮椅老年人无法使用　　　虽然设置了低位台面，但下部未做挑空，
　　　　　　　　　　　　　　　　　　　　　　　　轮椅老年人仍然不便靠近

图11.7　不适宜的接待台形式

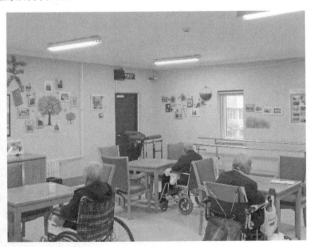

图11.8　轮椅老年人能够使用的餐桌

11.2　家具选型注重稳固安全

社区养老服务设施在选取家具时，要关注家具的稳固性与安全性，这直接关系到老年人的使用安全。

● 家具需具有稳固性

家具形式应有可靠的稳固措施。首先，老年人身体机能、反应速度均有所下降，若家具稳固性不足，发生侧翻、倾覆等情况，老年人难以闪避，容易受到伤害。其次，部分老年人行走时会以家具为撑扶的借力点，坐姿的老年人起身时会以周围的桌椅为支撑，如果家具过于轻便或不稳固，则难以保证平稳，易发生歪斜、倾倒，带来危险。最后，部分摔倒、磕碰事故发生时，老年人会应激地抓扶周围的家具，不稳固的家具容易倾覆，有加重伤害的隐患。因此，家具形式应有可靠的稳固措施，不应选用重量过轻、独腿、有轮子而无刹车等形式不稳的家具。

● 需避免不安全问题

不宜选用带有尖角的家具，家具转折处以圆角形式过渡为宜，利于降低老年人被家具尖锐的转角挂住或磕碰受伤的概率。例如，采用扶手为弧形设计的椅子、抹圆角的桌子等都是较为妥当的形式，当存在带有尖角的家具时，可采用安全防护措施，在尖角处安装防磕碰软质保护角，保证老年人的使用安全。此外，不宜选用有钩形或类似设计的家具，避免挂住老年人的衣物，造成其摔倒。（图11.9-图11.10）

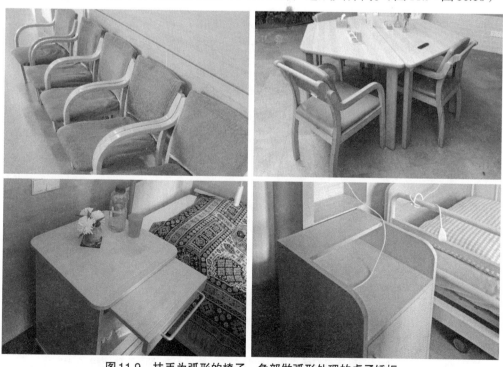

图11.9　扶手为弧形的椅子、角部做弧形处理的桌子矮柜

图11.10　在角部加装防磕碰软质保护角

11.3　选用灵活可变家具

为社区养老服务设施选取家具时，宜考虑配置一些灵活可变的家具，满足空间的多功能使用需求。

• 为多功能空间选用可变家具

受到功能需求多样、建筑规模有限等因素的影响，设施中常需要设置一些多功能空间，以便节约空间资源，实现功能复合、高效利用。在为这些空间配置家具时，为满足不同时段进行不同种类活动的需求，宜选取一些可变家具，方便进行功能的转换。

在社区养老服务设施中，使用最为普遍的灵活家具是可变桌椅，其中，常见的有可折叠、可拼接、可叠放桌椅等。例如，在多功能活动区中，当摆放折叠桌椅、可叠放的桌椅时，可进行讲座、手工等活动，而当桌椅折叠、叠放收起时，则可腾出空间用于舞蹈、文艺等活动，空间功能转换轻松方便。又如，采用体量较小的可拼接桌子，单独使用时适合两三人的小组活动，而拼接起来则可用于多人参与的集体活动，也十分方便灵活。在采用折叠或叠放类椅子时，宜选用在椅背等处设有抓握口或把手的形式，以便搬动。（图11.11）

图11.11　灵活可变的桌椅，收放轻松，空间可供不同活动使用

● 日间休息采用多功能床位

具备日间休息功能的设施在选用家具时，应以可变多功能床位为主。目前，在社区养老服务设施中常用的床位有固定式床位和可变多功能床位，由于前者需要占据固定的空间，在老年人休息时间以外往往是闲置的，导致了空间浪费，因此，建议在日间休息的床具选型中采用固定式床与可变多功能床相结合的方式，保留少数固定式床供老年人身体不适等情况发生时临时躺卧使用，而更多地采用可变多功能床，在休息时间以外兼做他用。可变多功能床可以是沙发床、躺椅等家具，也可以是理疗床、理疗椅等具有康复理疗功能的家具，这些具有更大的灵活性、能够满足更多的活动需求。（图11.12–图11.14）

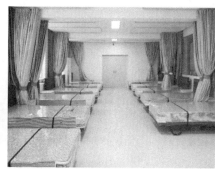

图11.12　配置过多固定床位，空间浪费，氛围不佳

图11.13　采用多功能床位，两用的沙发床

图11.14　选用灵活家具，方便转换功能

11.4　家具形式应具有居家感

社区养老服务设施的家具选用，应充分考虑老年人的心理感受，利于营造熟悉温馨的室内氛围。

● 选取具有居家感的家具样式

供老年人使用的家具应具有居家感，使其感觉熟悉、亲切。例如，有托养入住功能的设施在床具选择时，宜避免采用医用护理床，由于医院等医疗机构常用此类床具，容易令人产生相关联想。相反，可采用如木床等居家化的床具，并对辅助设备做隐蔽处理，仅在必要时拉出使用，起到减少心理不适感受的作用。（图11.15–图11.16）

● 允许老年人自带喜爱的家具

老年人日常于自家使用的家具承载着他们难以割舍的记忆，也蕴含着他们居家生活的气息，设施在布置家具时，可以为自带家具预留一些空间，让老年人可以摆上自己喜爱的家具，这样也更有利于形成亲切的居家氛围。例如，有托养入住功能的设施，可在老年人居室中为老年人自带的沙发、茶几、座椅等预留空间，满足老年人的摆放需求。又如，在一些展示空间，可以让老年人根据自己的喜好，摆设一些自带的老旧家具或桌椅、展柜等，满足展陈需要的同时也增加了回忆、聊天的话题。（图11.17）

图11.15　尽可能采用居家感的床具

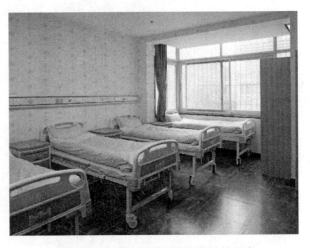

图11.16　避免采用医院常用的护理床

11.5　布置老年人喜爱的陈设

　　社区养老服务设施的室内陈设，应选取老年人喜爱的物品进行布置装饰，并鼓励老年人亲自参与布置，发挥其主动性，使其在环境布置的活动中获得愉悦的心情。例如，可以摆放一些老年人亲手制作的工艺品，悬挂一些他们亲自书写、绘制的字画；也可以让老年人放置一些自己培育的盆栽、绿植；还可以让他们选取一些自己喜爱的老物件来装点室内空间，让他们更加放松地融入空间环境。（图11.18）

图11.17　老年人自带喜爱的家具，有利于营造熟悉亲切的居家氛围

图11.18　以老年人喜爱的陈设物品装点空间

12. 营造温馨熟悉的室内氛围

　　在进行社区养老服务设施室内设计与装修布置时，应当注重室内整体氛围的营造。室内空间是供老年人长时间使用或居住生活的地方，其环境氛围对老年人的感受有着很大的影响，总体来说，应着力营造具有"居家感"的环境氛围，让老年人获得轻松、舒适的感受，目前在部分设施中由于室内空间不够丰富、装饰装修与家具陈设过于单一，令人感觉冷清乏味、单调无趣，带来"机构感"与"医疗感"等不适感受。相比之下，"居家感"的产生则植根于家庭环境所具有的丰富性，从空间布局到室内色彩，从界面材质到装修细节，再到家具陈设，以丰富的元素来充实室内环境，让其变得多姿多彩，这样才能使老年人产生温馨之感。

12.1　注重空间布局的丰富性

　　社区养老服务设施宜采用开放、通透的空间布局，宜提升不同功能的空间的视线联系，形成丰富的视觉效果。例如，在布局室内空间时，采用空间穿插或串联的布局方法，在一个空间中可以感知其他空间中的活动，方便老年人发现不同的活动内容，积极参与。多功能活动区应借鉴住宅的起居空间，将阅读、聊天、书画、手工等多种功能分级复合布置在一起，令大空间细化，变得尺度宜人且多样而方便，让使用者感到充实与放松。在老年人集体活动的空间中还可植入开放式小厨房、服务台和透明界面的办公室，可让老年人时时看到服务人员的活动，感到踏实安心，获得像在家里一样的感受。（图12.1）

图12.1　穿插布置用餐桌椅、电视墙、开放的小厨房、乐器演奏区，
起居空间丰富多样、氛围温馨轻松

12.2　注重材料、色彩和光环境的丰富性

社区养老服务设施的室内设计，在注重整体和谐的前提下应加强界面材料、色彩和光环境的丰富性，让空间环境充满活力气息。例如，多功能活动区宜形成整体协调、局部突出的室内效果，既要通过较为一致的色彩体系营造和谐的环境氛围，又宜在背景墙等重点部位选用有变化的色彩或材料，提高辨识度。又如，走廊等交通空间常有狭长和单调感，则可以根据功能分区选用不同的色彩作为装饰，方便老年人识别定位的同时也利于消除单调感。再如，进行室内光环境设计时，可以在背景墙、阅读桌等重点部位或特色区域配置一些样式有所变化的灯具，让灯光效果更加多样。

社区养老服务设施通常应采用暖色调的灯具和色彩，并可通过冷色调的窗帘、家具、陈设或绿植进行调节，让整体环境形成温暖又不失活泼的色调（图12.2）。应避免选用过于强烈或反差巨大的色彩搭配、花纹图案与灯光效果，防止老年人产生视觉的混乱与情绪的不安。例如，走廊和房间交接处的地面，若色彩差异过大，容易让老年人误以为有台阶高差，会带来安全隐患，应予以避免。

图12.2　利用色彩变化，丰富空间环境

12.3　注重家具配饰的丰富性

社区养老服务设施老年人生活空间，特别是多功能活动区宜通过丰富家具配饰的种类与样式来充实空间环境，从而营造出温馨的居家氛围。例如，选取家具时，

可以采用质感温暖的织物沙发、图案柔和的木质桌椅、造型灵活的茶几花架等，以形态多元的家具使空间环境变得饱满。又如，配饰选用上，可以根据整体风格搭配上色彩融洽的布艺窗帘，优雅大气的装饰图画，样式精美的相框摆件等，以此让空间环境得到缤纷多彩的点缀。多样的家具配饰起到了丰富空间的良好作用，当然，选用时也需关注整体氛围的和谐，把握各类元素组织的协调性，应当给人以舒适、温和的整体感受，避免产生突兀与不和谐之感。（图12.3）

图12.3　家具配饰多样

12.4　借用属地文化元素

　　社区养老服务设施的室内氛围营造可以巧妙地借用地域文化元素，利用有属地特色的建筑形象、装饰元素等来营造空间的独特气质。对于生活在不同地域的老年人来说，大多长期受到属地文化的浸润与影响，他们对具有当地特色的建筑空间与装饰构件等有着天然的亲切感，如北方地区的四合院、南方的江南水乡等都具有悠久历史，有强烈的地域特色，在室内设计中从这些特色形象中汲取养分，可以让老年人获得更浓厚的归属感，也让他们更加易于融入到设施环境中。（图12.4）

图 12.4　上海某设施室内具有地域特色的装饰

图 12.5　以老照片、老家具、老物件等装饰室内空间

12.5　利用怀旧装饰元素

在营造社区养老服务设施的室内氛围时，可以利用有时间记忆属性的怀旧装饰元素来丰富室内空间。老年人有着丰富的生活经历，有时间记忆属性的物品可以将他们长久生活的印迹呈现出来。例如，在走廊和多功能活动区中布置老年人参与过往活动的照片、使用过的老家具和老物件、自己制作的手工艺品等，都能让他们感到记忆的留存，并产生交流讨论的话题。再如，组织老年人自带一些怀旧装饰物品，并自己参加室内装饰，这样能更好地增进老年人与空间环境之间的感情。另外，对于认知症老年人来说，怀旧的装饰元素还能起到记忆唤起的作用，尤其应在服务认知症老年人的设施中提倡使用。（图 12.5）

12.6　发挥绿植和小件摆设的作用

在社区养老服务设施的室内环境布置中，可以更多地采用栽种或放置绿色植物的装饰方式，发挥其活跃空间氛围的作用。绿色植物、盆栽花卉等是具有生命力的

自然生物，放置在室内可以给空间带来自然的气息，给予老年人以活力感。同时，日常生活中许多老年人都有栽种绿枝、花卉的爱好，因此，适宜地增加绿植作为装饰，也会令有此爱好的老年人获得好感。此外，若能组织相关活动，安排老年人参与室内绿植、花卉的栽种与照看，还会让他们成为营造环境氛围的主角，获得良好的参与感，感受到像在自家种植盆栽一样的愉悦，利于老年人更加积极地使用空间、参与活动。（图12.6）

在室内氛围营造中，小件摆设和装饰也起着极其重要的作用，是不可被忽视的。因为老年人在居家生活时总会积累很多小物品，它们是在日常生活的过程中逐渐添置的，会让家不再只是空荡的房间，而有了生活的气息，同时，这些小物品多数是随主人的心意摆放，常位于经常看到或接触到的位置，这能让人感到自由放松。因此，在社区养老服务设施的室内空间也应恰当地布置一些小件摆设和装饰品，并宜鼓励老年人自带一些小物品来充实空间，这有利于增加活跃的气氛，给人以亲近放松的感受。（图12.7）

图12.6　以绿植装饰室内空间，活跃环境氛围

图12.7　小件摆设、装饰物品起到活跃空间、营造氛围的良好作用

13. 重点空间室内设计要则

社区养老服务设施的室内功能空间分为三类：老年人生活空间、后勤服务空间、交通空间。这些空间是老年人日常活动和为其提供服务的载体，应根据其功能差异进行有针对性的设计，尤其是供老年人使用的部分，应符合老年人的使用特点。

13.1 接待区

接待区是社区养老服务设施的前导空间，其主要功能是为老年人提供接待、问询、预约、指导等服务，同时也承担展示设施形象的任务，为外来人员了解设施的具体情况提供便利。

● 接待区的主要构成

接待区主要由服务区、休闲区、展示区等几种功能区域构成，其各自的主要功能大致如下：服务区，设置接待台，为老年人提供坐式服务，供其问询使用；休闲区，供老年人临时停留时休息、闲坐；展示区，展示设施形象与服务内容；此外，还可根据需要设置办公、储藏等管理用房。（图13.1）

● 接待区的功能布局

（1）宜靠近主要出入口设置

在进行建筑平面布局时，宜将接待区设置在供老年人使用的主要出入口附近，方便到达。主入口与接待区之间应有直接的视线联系，老年人进门后可轻松识别。（图13.2）

（2）宜与交通空间、多功能活动区等有便捷的通达关系

接待区是联系设施主要出入口与内部各功能空间的关键节点，老年人进入设施

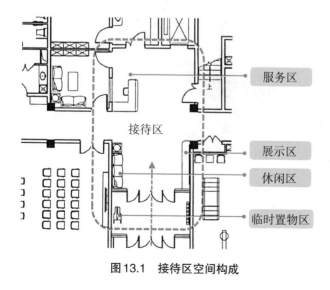

图13.1 接待区空间构成

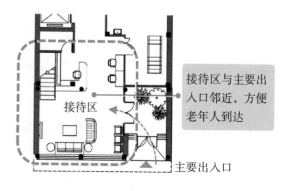

图13.2 接待区宜靠近主要出入口设置

后通常先到达接待区，在此问询、经服务人员接待和引导，再进入其他功能区。因此，接待区宜与走廊等交通空间有便捷联系，便于老年人去往其他空间。同时，接待区宜与多功能活动区邻近而设，部分设施规模受限，可将接待区与活动空间合设，形成联系在一起的大空间，这利于空间的节约与灵活使用，也利于服务人员为老年人提供照护。（图13.3）

（3）宜采用开放的空间形式，接待台的视线宜多方向通达

接待区宜采用开放的空间形式，与多功能活动区相互融合，一方面，有利于复合灵活地布置多种功能，如兼作服务台，甚至茶水台、餐台等；另一方面，也有利于形成通透的视线，方便老年人看到厅内情形，顺畅地前往接待台、休息区等处，也便于工作人员观察周围情况，照护老年人安全。同时，在为接待台选择位置时，也宜设置在明显的位置，让其便于寻找，并获得良好的视线与观察视角。（图13.4）

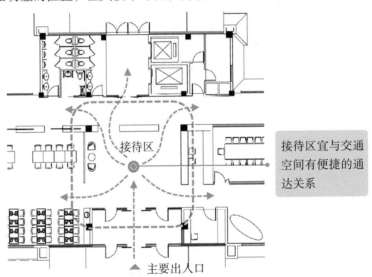

图13.3　接待区宜与交通空间、公共活动厅等有便捷的通达关系

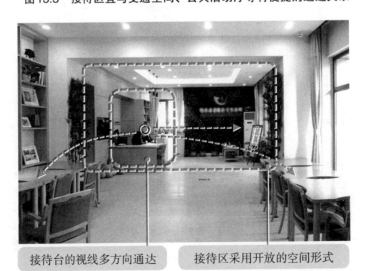

图13.4　接待区宜采用开放的空间形式，接待台的视线宜多方向通达

（4）尺度适宜，休息区宜选用小组团家具布局

接待区的大小应根据设施的规模和使用人数确定，在满足功能需求的基础上，以亲切宜人的中小尺度为宜，不应一味追求豪华气派的大尺度。休息区的家具布局也以小组团布局为宜，可选用沙发、茶几、座椅、小桌等形成小范围聊天氛围，利于老年人获得轻松、舒适的感受，促进其参与交往、融入设施环境。（图13.5）

• **接待区的界面设计**

（1）地面应防滑，宜采用耐磨的材料

接待区的地面选材应选用防滑材料，保证老年人通行安全。此外，接待区人员流动大、活动频繁，地面选材需经久耐磨。可选的适宜材料有：防滑地砖、表面做防滑结晶处理的石材等。地面铺装、材质转换交接需注意保证平整。（图13.6）

图13.5 接待区尺度需适宜，休息区宜选用小组团家具布局

图13.6 接待区地面应防滑，宜采用耐磨的材料

（2）宜突出接待台等重点部位的背景墙面，起到引导作用

接待区中的接待台，其背景墙面可利用造型、选材变化来增强提示性，加强对老年人的引导作用。例如：可局部采用木饰面、石材等材料加以突出；也可选用格栅、柜子、标牌等作为背景装饰，以起到提示作用；还可利用局部装饰灯光等来加强提示。（图13.7）

● 接待区的色彩设计与光环境

（1）色彩整体协调、服务台背景局部突出

接待区的色彩设计宜形成整体协调、局部突出的视觉效果。一方面，通过较为一致的色彩体系，营造和谐的空间氛围，令老年人获得平和的心理感受；另一方面，通过局部的色彩变化，突出接待台等重点部位，起到提示引导作用，例如：可以通过改变背景墙的材料和色彩、增大色差和对比度等来加以突出。（图13.8）

图13.7 宜突出接待台等重点部位的背景墙面，起到引导作用

图13.8 色彩整体协调、局部突出

（2）光环境设计注意室内外空间柔和过渡

接待区是室内外过渡的空间，在光环境设计中应注意光源照度的渐进性，从室外到室内，逐步增强光源照度。如：设施出入口附近的光源照度应略低于接待区其他区域，避免造成老年人进入前后由于照度剧变而产生眼部不适。①

● **接待区的细节设计**

（1）在出入口附近设置物品存放空间

接待区靠近设施出入口，因此应设置一定的物品存放空间，让老年人进入设施时可以将衣物、雨具等物品临时存放于此，使其在设施内活动时不必携带额外物品，活动更加自如轻松。（图13.9）

（2）接待台采用坐式服务并设置轮椅位

接待区的接待台应采用坐式服务，应选用低位台面，适合老年人坐姿使用；接待台应设置轮椅位，配置的低位台面其下方应做成内缩或挑空的形式，为轮椅老年人留出腿部前伸的空间，便于其靠近使用。

同时，接待区的接待台在完成本身问询、引导等功能外，还可以结合设置一些其他功能，如将接待台设计成半开放的形式，就近布置一些展示空间，或结合布置一些小食、饮品制作、售卖空间等，让接待台实现更多的服务功能。（图13.10）

13.2 餐厅

社区养老服务设施中的餐厅，其主要功能是供老年人集中就餐使用，为其提供膳食供应和助餐服务。

① 此设计主要是考虑到夜间使用设施时从室外到室内的照度渐进性。

图13.9 出入口附近设置物品存放、换鞋等空间

图13.10 接待台可结合休闲吧台等其他功能

- **餐厅的主要构成**

餐厅主要由就餐区、取餐处、厨房区、备餐区、餐具回收处、洗手处等几种功能区域构成，其各自的主要功能大致如下：就餐区，为老年人提供就餐空间，供其落座用餐；取餐处，供餐食分发、老年人前来取餐使用；厨房区，供食品加工、烹调使用；备餐区，供食品的整理、分装与暂时存放使用；餐具回收处，供餐后的餐具与食物残渣回收使用；洗手处，供老年人餐前餐后清洁洗手使用。此外，餐厅附近还宜设置卫生间。（图13.11）

- **餐厅的功能布局**

（1）餐厅的位置宜选在首层

社区养老服务设施的餐厅多是为日间或就餐时段前来的老年人服务，具有接待较多人员的需求，因此，餐厅的位置宜选在首层，并宜邻近接待区设置，这样既方便了来往人员进出，又可以降低餐厅对设施内部其他功能空间的影响。部分设施规模较大，用房面积充足，也可将餐厅独立成区，并为就餐区设置独立出入口，方便人员疏散、进出。

餐厅中厨房作为服务属性用房，日常有大量食品原料的进出需求，条件允许时，也应设置独立出入口，或靠近后勤出入口，方便货物运输。厨房的出入口应注意避开老年人的通行流线与活动区，或做分隔、隐蔽设计。（图13.12）

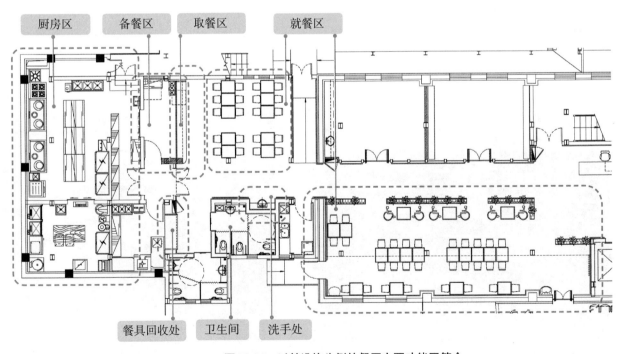

图13.11　以某设施为例的餐厅主要功能区简介

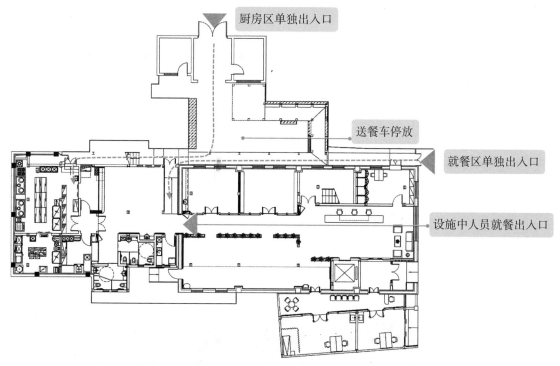

图13.12　某设施将餐厅的位置选在首层，为就餐区、厨房区设置独立出入口

（2）就餐区面积按座位数合理设置，通道需满足轮椅通行需求

就餐区需要布置供就餐使用的桌椅，对于身体灵活度有所下降的老年人来说，还应留有充足的通行与活动空间，方便他们的行动，并满足轮椅老年人的使用需求。通常情况下，就餐区应按每座使用面积不小于$2.5m^2$计算[①]。桌椅之间的通道净宽不应小于1.2m，并宜为轮椅老年人设置回游路线或留出直径1.5m的轮椅回转空间。

（3）就餐区宜采用开放形式，可兼作活动空间

就餐区宜采用开放的空间形式，成为通透的集中空间，这样的布局模式可便于就餐区兼作老年人活动的空间，通过分时利用，于非用餐时段用作文化娱乐等活动，可有效地丰富空间功能，提高利用效率。（图13.13）

① 参见《老年人照料设施建筑设计标准》JGJ450–2018。

图13.13　就餐区采用开放形式，可兼作老年人活动空间

（4）就餐区应设置洗手处，宜就近设置公共卫生间

为方便老年人用餐前后洗手清洁，就餐区应设置洗手处，配置洗手池、干手器、消毒器、皂液器等设备，洗手池应满足无障碍设计要求，下部后缩或挑空，满足轮椅老年人靠近时腿部前伸的需要。

同时，宜考虑在就餐区附近配置公共卫生间，方便就餐老年人使用，并需注意卫生间出入口与就餐区的关系，应加以合理隐蔽，注意视线遮挡。（图13.14）

● **餐厅的界面设计**

（1）地面应具有遇水防滑性能，材质需耐污

在为就餐区的地面选用材质时，应选用防滑的材料，尤其是洗手处等区域，因为可能有液体溅洒到地面，所以材质应具有遇水防滑性能，降低老年人滑倒摔伤的概率。同时，作为餐食供应空间，地面经常受到油渍污染而需擦洗，因此应选择耐污的地面材质，如哑光地砖，方便卫生清洁。（图13.15）

图13.14　某设施餐厅的就餐区设置洗手处，并就近设置公共卫生间

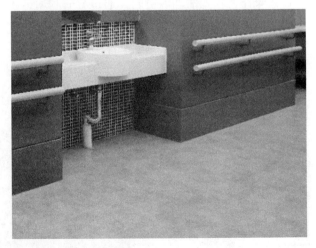

图13.15　地面材质需防滑耐污、具有遇水防滑性能

（2）墙体可设墙裙，或采用易于清洁的面层材料

就餐区由于有人员拿取餐食往来，有时会有食物污渍对墙面造成污染，因此，墙面可设置墙裙，或是采用易于清洁的材料，如木板，可擦洗的壁纸、涂料等。（图13.16）

（3）墙面可预留挂镜线或展示区

为丰富就餐区的空间环境，就餐区的墙面经常被用作展示空间，因此，可在墙面预留挂镜线，或是设置软扎板等，用于悬挂、放置装饰画、老年人作品和宣传品等。（图13.17）

● 餐厅的色彩设计与光环境

（1）色彩搭配宜采用暖色调，取餐处、洗手处可用色彩加以突出

就餐区宜采用明亮的暖色调色彩，营造温暖的氛围，使老年人用餐时心情愉悦、增进食欲。取餐处、洗手处等重点部位，可以在局部墙面采用高彩度的颜色或变化的材质，以突出其位置，对老年人起到一定的引导作用，方便他们辨识。（图13.18）

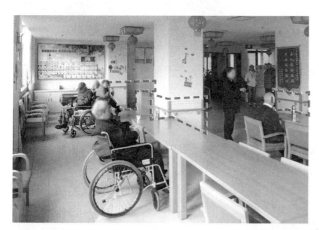

图13.16　墙体可设墙裙

图13.17　墙面预留展示界面

（2）提高光源的显色性

就餐区的光环境设计应注意采用色温、显色性适宜的光源，色温不宜高于4000k，以营造温暖的就餐环境；光源显色性建议大于90Ra,[1]以利于老年人看清菜品颜色，提升就餐食欲。（图13.19）

（3）灯具布置宜均匀，取餐处等重点位置宜布置局部照明

就餐区宜采用均匀的灯具布置，一方面满足各处照度均匀的需求，另一方面也便于空间的多功能利用。取餐处、洗手处和展示墙等处宜补充局部照明，起到提示作用的同时也可以丰富空间的光环境效果。（图13.20）

① 参见《城市既有建筑改造类社区养老服务设施设计导则》T/LXLY0005–2020。

图13.18 取餐处、洗手处可用色彩变化加以突出

图13.19 需有良好的光环境

图13.20 灯具布置宜均匀，取餐处等重点位置宜布置局部照明

13.3   多功能活动区

多功能活动区的主要功能是供老年人进行文化娱乐、康体健身，一般包括棋牌、书画、手工、音乐、舞蹈、健身、影视、网络和游戏等。（图13.21）

● 多功能活动区的功能布局

社区养老服务设施的多功能活动区可采用单一大空间的形式，也可围绕其再增设几个活动室。

（1）需注意动静分区，开敞与封闭合理搭配

多功能活动区的功能布局需注意动静分区。一般来说，老年人的活动有动、静两大类，其中：书画、阅览等活动较安静，宜布置在噪声较少的位置；而舞蹈、音乐、健身等活动则会产生较大的声音，宜布局在不影响其他功能区域的位置，并注意吸声、隔音。

多功能活动区可采用封闭与开敞相搭配的形式，如阅览等特别安静的活动，或舞蹈、音乐等声音较大的活动以布置在独立的房间中为宜，这样有利于保证活动质量，避免相互干扰；而如聊天、手工等活动则可布置在开敞的空间，可利于吸引老年人参与交往活动。

（2）利用活动隔断、家具对空间进行灵活布局、分时利用

社区养老服务设施规模一般较小，为每类活动都设置独立的房间在许多设施中无法实现，因此将多功能活动区设计成集中的多用途空间更为适宜，如设置一个集中的大空间，可利用活动隔断进行灵活分隔，或变换家具布置以满足不同需求，并进行分

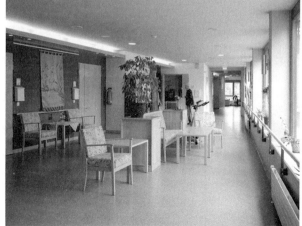

图13.21   多功能活动区空间示意

时利用，这样更高效地容纳了多重功能，也更充分地利用了空间资源。（图13.22，图13.23）

（3）宜配设储藏空间，并靠近公共卫生间

由于多功能活动区经常用于组织各类活动，或在不同功能间转换使用，会有活动器具、家具等的收纳需求，因此，宜设置储藏空间，方便收纳临时不用的物品。储藏间内可以考虑设置清洁用水池，便于工作人员完成清理工作。另外，多功能活动厅宜靠近公共卫生间，方便老年人使用。

● 多功能活动区的界面设计

（1）地面宜采用防滑、静音效果好的材料

老年人在多功能活动区中的活动频率高，为保证其安全，地面应采用防滑性能好

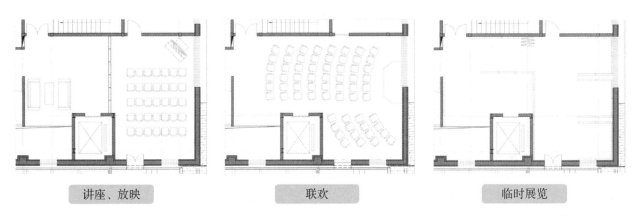

讲座、放映　　　　　　　联欢　　　　　　　临时展览

图13.22　利用活动隔断、家具变换等对空间进行灵活布局、分时利用

图13.23　多功能活动区灵活变换布置

的材料。同时，为了避免活动产生的噪声影响其他空间，地面材质宜具有好的静音效果，如采用地胶等具有防滑静音性能的材料，能够降低活动产生的噪声。（图13.24）

（2）墙面选用耐擦洗材料，预留展示界面

多功能活动区使用频繁，其墙面易受污染，宜选用耐擦洗的材料。同时，墙面应预留充足的展示界面，可以采用软木墙面板或预留挂镜线，方便悬挂、张贴老年人作品与宣传通知等。由于很多设施都会在节庆活动时"张灯结彩"，吊顶处也应预留挂钩，方便布置。（图13.25）

● 多功能活动区的光环境

（1）光环境应均匀，适当提升照度

多功能活动区的水平照度应满足老年人进行阅读、书画、手工等活动的需求，以高于200lx为宜[1]，保证环境明亮；同时，应注意灯具布置的均匀性，提高光环境对不同活动的适用程度。（图13.26）

① 参见《城市既有建筑改造类社区养老服务设施设计导则》T/LXLY0005–2020。

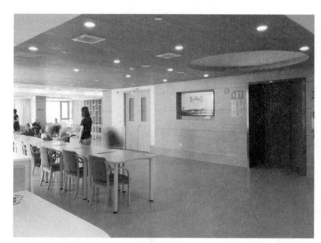

图13.24　地面采用地胶，防滑且具静音效果

图13.25　墙面预留展示界面

（2）预留充足的管线点位

多功能活动区有组织较大规模集中活动的需求，如讲座、联欢等，存在设备扩充的需求，因此，应在天花板、墙面或地面等处预留充足的管线点位，满足灯光、音响等设备接电所需。（图13.27）

13.4　通行空间

社区养老服务设施的通行空间，其主要功能是联系各种功能空间，此外，还可以兼顾展示与休闲等功能。

● 通行空间的主要构成

通行空间主要包含走廊、楼电梯厅和开放空间中的通道等，其功能分区一般包括通行区、展示区和休息区。

图13.26　需有良好的光环境

图13.27　宜预留充足的管线点位

● **通行空间的功能布局**

（1）改善走廊的狭长感

通行空间中的走廊多为线性空间，由于空间狭长、形式单一而易产生单调感，在进行功能布局时，宜采用适宜的调节方式来予以减弱。例如，可以利用拐弯处、交汇处，或结合候梯厅等处进行局部空间放大，设置座椅、陈设、绿植，融入休闲等其他功能，活跃空间氛围，从而改善走廊的狭长感。（图13.28）

（2）宜结合通行空间设置展示区、休息区

通行空间除用作交通功能外，还宜结合设置展示区、休息区等功能，布置宣传栏，展示老年人的照片、画作等，使空间变得活泼且富有趣味性。（图13.29）

● **通行空间的界面设计**

（1）地面应防滑，宜采用耐磨的材料

通行空间应考虑到较大的人流往来，地面材质应选用防滑性能好且耐磨性能好的材料，如防滑地砖、同质透心PVC地材等。此外，通行空间与其他空间交接处，地面铺装应保证平整，避免细小高差。

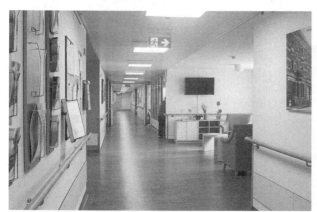 

图13.28 改善走廊的狭长感

图13.29 宜结合通行空间设置展示区

（2）墙面宜预留展示界面

通行空间的墙面宜预留展示界面。例如，可以设置挂镜线用于展品悬挂，也可以布置上软札木板、软木板等材料，方便宣传、展示。（图13.30）

● 通行空间的色彩设计与光环境

（1）宜采用明快色彩体系

通行空间在建筑平面中常布置于内部区域，存在自然采光不足的问题，因此，宜采用明快的色彩体系，通过明亮的色彩来降低空间的昏暗感。（图13.31）

（2）色彩整体协调、局部突出节点空间

通行空间宜采用相对一致的色彩体系，以给人完整且导向清晰的视觉感受，同时，为了突出节点空间与调节空间氛围，也可以在重点房间入口、空间转折、候梯厅等处利用局部色彩变化加以突出提示，同时也起到弱化空间狭长感的作用。（图13.32）

图13.30　宜结合通行空间设置展示区

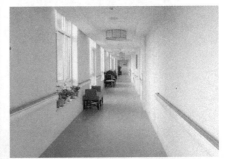

图13.31　整体色彩明快，减弱空间昏暗感

图13.32　空间转折、功能交接处进行色彩变化

（3）光环境均匀过渡，避免忽明忽暗

通行空间中与其他功能空间衔接的位置，应避免照度差异过大，防止产生忽明忽暗的视觉感受，采用柔和的过渡衔接，让老年人轻松适应照度变化。

13.5 老年人居室

老年人居室主要是供老年人进行睡眠休息、日常起居、休闲娱乐、物品收纳等生活使用。（图13.33）

● 老年人居室的主要构成

老年人居室的空间构成视具体情况存在差异，如面积充足时会包含：起居区、睡眠区、小厨房、卫生间；面积一般时包含：睡眠兼起居区、卫生间；面积较小时仅有睡眠兼起居区，卫生间则为合用。

● 老年人居室的功能布局

（1）宜布局在日照采光、通风条件好的朝向

根据相关规范和使用要求，老年人居室宜布局在日照采光、通风条件好的朝向，使老年人在居室中即可晒到太阳，并利于自然通风换气，改善空气质量。

（2）老年人居室宜采用小组团的布置方式

老年人居室宜按照一定的床位数划分成小的组团，每个组团设有1个起居厅、1个护理站，目前国外同类设施的组团规模一般为15人左右，有认知症老年人的组团规模更小，以10人左右为宜。[①]

（3）床边需预留护理人员操作空间

老年人居室需满足一定面积要求，如：单人间居室使用面积不应小于10m²，双人间使用面积不应小于16m²，[②]以便家具布置、物品收纳。同时，在进行家具布置时，应在床边等区域预留护理人员操作的空间，方便开展护理活动。（图13.34）

① 主要参考日本、德国、荷兰等国的同类设施标准。
② 参见《老年人照料设施建筑设计标准》JGJ450-2018。

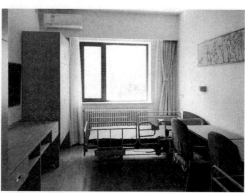

图13.33 常见的老年人居室

● 老年人居室的界面设计

（1）地面材质应防滑、有弹性，且静音

老年人居室作为老年人长时间活动、停留的空间，地面材质应防滑且具有弹性，降低摔倒的概率与损伤程度。同时，宜选用有静音效果的地面材料，防止活动时产生噪声，如选用地胶、地毯、木地板等。（图13.35）

（2）墙面材质宜具有防霉功效，宜具有柔和的色彩纹理

老年人居室的墙面宜选用具有防霉作用的材质，避免因卫生间产生的湿气引发霉变。同时，墙面材质宜具有柔和的色彩纹理，避免使用图案、肌理、色彩过于强烈的材料。（图13.36）

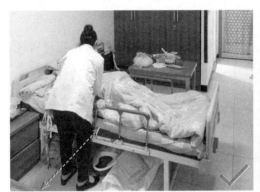 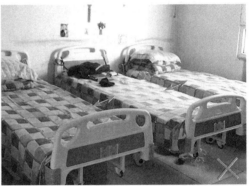

图13.34　床边需预留护理人员操作空间

图13.35　地面可选用地胶复合地板、地毯等弹性防滑材料

图13.36　墙面宜具有柔和的色彩纹理

（3）床头一侧可设置整合电源开关、呼叫器等设备的护墙面板

为了更好地服务老年人，可能会在床具区域配置呼叫器、电话、插座、床头灯等设备，必要时还可能需要设置医疗用的设备，为了避免杂乱并预留增加新设备的可能，可在床头一侧设置内设电源管线等设备的护墙面板，方便老年人使用的同时，也为床具区营造舒适的小氛围。应避免直接采用医疗感强烈的医疗带，给老年人带来不良心理感受。（图13.37）

● 老年人居室的光环境

（1）宜在书桌、床头增加供阅读用的局部照明

老年人居室的人工照明应保证居室整体照明环境，避免产生阴暗角落。同时，对于重点部位应有局部照明的辅助。例如，为满足老年人进行阅读、就餐等活动的需求，可在床头、书桌等处增加台灯、顶部射灯等局部照明。（图13.38）

（2）宜设置夜灯，方便老年人夜间活动

老年人晚间可能有起夜等活动，宜在老年人居室设置夜灯，方便老年人夜间使

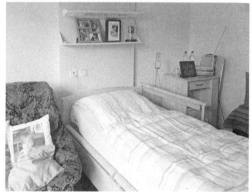

图13.37 床具一侧的墙面可设置整合电源开关、呼叫器等设备的护墙面板

图13.38 宜采用整体照明结合局部照明的方式

图13.39　宜设置夜灯、方便老年人起夜活动

用，避免由于摸黑开灯等动作而引发摔倒等不安全情况。（图13.39）

• 老年人居室的细节设计

（1）门窗需隔音，开启扇应有防护措施

老年人居室的门窗需具备较好的隔音性能，为老年人提供安静的睡眠与休息环境。同时，在保温保暖前提下，宜适度增大窗户面积以争取更多日照。将窗台高度适当降低，如可控制在450mm以下，可使卧床老年人看到外部景色。另外，窗户的应设置安全防护措施，防止老年人跌落。（图13.40）

（2）鼓励老年人自带家具，储藏空间应充足好找

老年人选取自己喜爱的家具，带到老年人居室中使用，有助于营造熟悉、亲切的居室氛围，可以给老年人带来居家感。同时，老年人居室应当考虑设置充足的储藏空间，方便老年人收纳物品，储藏空间宜多样，如：设置衣柜，存放衣物、被褥；

图13.40　开窗设计宜争取更多日照和景观

图13.41　宜鼓励老年人自带家具

设置玻璃门的书柜或书架，存放书籍、纪念品；设置置物台，放置照片等。部分储藏柜宜采用露明形式，方便老年人寻找物品。（图13.41）

13.6　卫浴空间

社区养老服务设施中供老年人使用的卫浴空间一般包括：公共卫生间、老年人居室卫生间、助浴间等。卫浴空间是比较容易发生危险的地方，设计中应充分重视老年人的使用安全。

● 卫浴空间的主要构成

卫浴空间的重点功能区通常有盥洗区、如厕区、洗浴区和更衣区。其中公共卫生间主要包含盥洗区与如厕区，助浴间主要包含洗浴区和更衣区，老年人居室卫生间一般四种功能区均有涉及。各功能区的主要功能和设备辅具如下：盥洗区，供老年人进行清洁，完成洗手、洗脸等日常活动，常见的设备辅具有盥洗池、镜子、扶手、呼叫按钮等；如厕区，供老年人如厕使用的功能区，常见的设备辅具有坐便器、扶手等；洗浴区，供老年人洗浴使用，以及护理员为老年人提供助浴等服务时使用，常见的设备辅具有淋浴器、盆浴器具、扶手、浴椅等；更衣区：供老年人洗浴前后更换衣物使用，常见的设备有座椅、储物柜等。（图13.42）

● 卫浴空间的功能布局

（1）需满足无障碍需求，预留轮椅回转空间、护理员操作空间

卫浴空间的尺度、设备和布局等需满足无障碍需求。视设施条件，宜单独设置无障碍卫生间或在公共卫生间中设置无障碍厕位。各类卫浴空间设备辅具之间需保证无障碍通行条件，预留轮椅回转空间；同时，公共卫生间和助浴间应留有充足的护理空间，方便护理员为老年人提供帮助。（图13.43）

（2）助浴间宜采用淋浴，并宜设厕位

根据中国老年人的洗浴习惯，助浴间一般应采用淋浴，并配备浴床、浴椅，方便工作人员帮助老年人洗浴。同时，助浴间内宜设置厕位，方便老年人临时如厕使用。（图13.44）

（3）老年人居室卫生间宜预留配置洗衣机、盆架的位置

老年人居室卫生间宜预留配置洗衣机的位置，方便老年人个人衣物的清洗。同时，由于中国老年人普遍有使用脸盆和泡脚的习惯，还可配置盆架，并尽可能多设储藏空间，避免因为随意放置影响通行和使用。（图13.45）

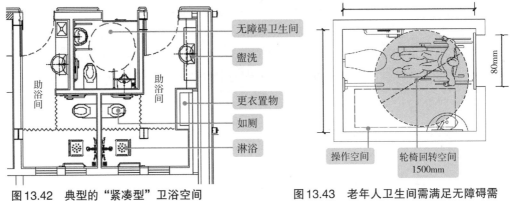

图13.42　典型的"紧凑型"卫浴空间

图13.43　老年人卫生间需满足无障碍需求，预留轮椅回转空间、护理员操作空间

图13.44　助浴间需设更衣区，宜设厕位

图13.45　老年人居室卫生间宜预留配置洗衣机、盆架等设备和储藏的空间

• 卫浴空间的界面设计

（1）消除室内外地面高差，采用防水防滑的地面材料

卫浴空间由于排水等需求，容易在洗浴区或卫浴空间入口处出现高差，设计中应注意加以避免，保证无障碍通行。同时，卫浴空间是危险高发区域，地面材质的防滑性能需有保证，并应选用遇水防滑的材料。[①]

（2）墙面材质需防潮防霉

卫浴空间由于长期处于有水、潮湿的环境中，墙面材质需防潮防霉，并易于清洁。

• 卫浴空间的色彩设计与光环境

（1）地面与墙面的明度应有区分，且应避免选用颜色深的色彩

老年人视觉分辨能力有所下降，为提高辨识度，卫浴空间的地面与墙面的明度应有明显区分，易于老年人分辨。同时，由于此类空间较小，地面与墙面应避免选用颜色很深的材料，防止造成压抑之感。

（2）洁具色彩宜与界面和周边环境有所区分

卫浴空间的洁具色彩宜与周边环境、界面色彩有所区别，起到一定的突出提示效果，方便老年人分辨（图13.46）。

（3）需保证光环境的照度，宜采用分区照明

卫浴空间的人工照明应保证光环境具有良好照度，尤其是部分卫浴空间常常没有自然采光，人工照明的作用则更为突出。应确保整体光环境均匀明亮，盥洗区、厕具区、淋浴区等部位宜增加局部照明，并采用适宜的光源和照明方式，例如，盥洗区设置的镜前灯，宜选用双侧或环形照射灯具，保证面部无阴影，避免产生错觉（图13.47）。

① 参见《老年人照料设施建筑设计标准》JGJ450-2018。

图13.46　洁具与墙面有明显色差

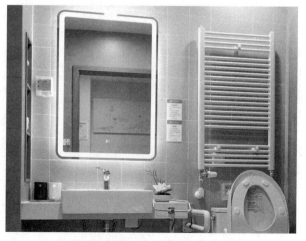

图13.47　采用均匀的环形照射灯具

14. 增强外观与环境的识别性和熟悉感

社区养老服务设施的建筑外观应符合老年人的审美需要，采用端庄大方的造型，具有易识别性和熟悉感，既要方便老年人轻松地寻找和判断，又要与所在的社区环境相协调，赢得老年人的认同感。因此在设施的外观设计当中，一方面要有意识地强调差异、突出特色，增强易识别性，避免与周边建筑趋同、难以区分；另一方面要充分运用所在区域的文化和装饰元素，引发老年人的共鸣，增强在地感①和归属感。此外，由于很多地区对社区养老服务设施有设置统一标识的要求，在外观设计时还应为标牌标志预留好合适的位置。

14.1　外观融入社区风貌，创造熟悉感受

社区养老服务设施是社区环境的重要组成部分，在设计时应注意融入社区整体风貌，创造老年人熟悉的感受，具体可从以下几个方面进行考虑。

● **符合所属区域的建筑风貌要求**

为了更好地融入社区环境，社区养老服务设施的外观应符合所属区域的整体建筑风貌要求，营造和谐统一的环境氛围。例如，位于历史文化街区的社区养老服务设施宜采用当地传统的建筑形式，与周边的富有历史感的建筑风貌相呼应（图14.1）；而位于少数民族聚居地的社区养老服务设施则应带有少数民族建筑风貌（图14.2）。

● **采用属地建筑元素**

设施的建筑立面宜使用带有属地特色的建筑材料、色彩和装饰元素，以便增强

① 在地感指与所在地区的环境协调融为一体。

图14.1　位于北京历史街区的设施
外观与传统建筑风貌相呼应

图14.2　位于藏族聚居区域的设施外观融入了民族元素

老年人的熟悉感。例如，上海某社区养老服务设施就利用仿古砖墙、挑高玻璃窗和棱角分明的墙式营造出了当地老年人熟悉的石库门建筑风格（图14.3）；而苏州某社区养老设施则采用了粉墙黛瓦的建筑元素，营造出当地老年人喜爱的苏州园林感受（图14.4）。

- **借鉴居住建筑特征**

社区养老服务设施的外观设计应具有亲切、宜人的居家感，立面比例、开窗形式和细部设计等可借鉴居住建筑的典型特征，避免采用大面积玻璃幕墙等带有较强公建感和机构感的建筑元素（图14.5）。

14.2 促进室内外视线交流

增强社区养老服务设施室内外空间的视线交流有助于老年人充分认知周边的空间环境，营造熟悉的场所感受，设计时具体从以下几个方面进行考虑。

图14.3 仿上海建筑石库门风格的设施外观

图14.4 仿苏州园林建筑风格的设施外观

设施外观采用公建感的建筑元素

设施外观采用具有居住建筑特征的形式

图14.5 社区养老服务设施外观应避免公建感，加强居家氛围

• 扩大开窗面积

社区养老服务设施的外立面应注意扩大开窗面积，加强室内外的视线交流，如减少窗间墙、降低窗台高度或采用落地窗等较为通透的界面形式，既方便在室内活动的老年人观察到室外景观和人群活动状况，又方便行人从室外观察到室内老年人的活动场景（图14.6）。

• 考虑对景关系

有条件时，设施的开窗位置宜考虑与周边景观和标志物的对景关系，如与街道、标志性建筑、绿化景观、活动场地等建立视线联系，这能够对老年人认知周围环境起到很好的提示作用（图14.7）。

• 营造视线通透的出入口空间

设施出入口宜采用通透的门窗形式，这样既能够呈现出对外开放的姿态，欢迎老年人的到来，又可便于进出的人员相互感知，避免发生冲撞（图14.8）。

图14.6　设置大面积开窗，增强室内外空间的视线交流

图14.7　德国某设施的餐厅开窗正对附近的教堂

图14.8　设施出入口空间采用透明界面，呈现开放姿态，促进内外交流

● 避免视线遮挡

设施出入口和室外活动场地内不宜种植过高过密的植物，以免造成视线遮挡。这一方面能够避免形成壁垒森严、不易接近的印象；另一方面也便于室内的服务人员随时观察老年人的活动状况，及时发现紧急情况，保证老年人的安全（图14.9）。

14.3　预留明显的位置悬挂标牌标志

目前，我国很多地区都为社区养老服务设施规定了统一的标识，因此在进行设施外观设计时，应注意在入口上方或两侧预留一定面积的实体界面，以便悬挂标牌标志。

标牌标志的外观形式应便于老年人轻松识别，宜采用较大的字号和清晰的字体，适当加强文字、图案与底色的对比度，并考虑照明设计（图14.10）。

图14.9　室外活动场地视野开阔无遮挡，方便观察老年人的活动状况

图14.10　设施出入口设置统一标识

14.4　考虑人性化的细部设计

在设施外观设计当中，还可通过一些人性化的细部设计营造亲切熟悉的生活氛围。

● 营造可供老年人聚集停留的出入口空间

在社区生活当中，一些老年人喜爱聚集在小区、楼门栋的出入口外闲坐、晒太阳和聊天，并观察来往人员和车辆，这是老年人希望融入社会生活的一种表现。在社区养老服务设施的设计当中，可结合建筑出入口设置门廊、雨棚或花架，并布置休息座椅、阳伞等，方便老年人临时停留、休闲和交流，起到聚拢人气、营造老年人熟悉的生活氛围的作用（图14.11-图14.12）。

● 设置便于老年人开展活动的过渡空间

在社区养老服务设施的设计当中，可通过底层架空、外墙内移或设置外廊等方式过渡空间，这样不仅有助于增加空间层次、美化建筑立面，而且能够为老年人提供全天候使用的半室外活动空间（图14.13-图14.14）。在这里，不论是烈日炎炎，还是雨雪天气，都不会影响到正常的活动，因此深受老年人的喜爱。

图14.11　设施出入口附近设置休息座椅

图14.12　室内外交接处设置门廊，作为老年人停留和活动的场地

• 设置绿化景观

老年人大多喜爱绿色植物，在设施的外观设计当中，可利用实体墙面设置垂直绿化，沿设施围墙底部设置花池（图14.15），或结合出入口空间和室外活动场地布置凉亭、休息座椅等景观小品（图14.16）。一方面可作为独具特色的标志，增强设施的识别性；另一方面也可供老年人欣赏，有意愿的老年人和社区居民甚至还可以参与到园艺种植等环境美化活动当中，促进相互交流，增强社区归属感。

图14.13　设施面向社区广场设置外廊，
作为老年人和社区居民的交流场所

图14.14　设施底层架空设置活动场地，
作为老年人的运动健身场所

图14.15　沿设施外墙底部设置的绿化景观

图14.16　结合设施入口布置的绿化和景观小品

14.5 构建完整清晰的标识系统

社区养老服务设施当中的标识系统主要具有以下三个方面的重要作用：一是方位引导，帮助老年人在功能较为复杂的设施当中找到目标空间的方向；二是空间定位，帮助老年人，尤其是认知症老年人识别自己所在的位置；三是安全警示，即提示老年人注意空间当中的潜在安全隐患。

根据其主要功能，标识系统大致可划分为三类，即导向标识、信息标识和安全警示标识。其中，导向标识主要包括安全出口标志等应急导向标识，楼层号等通行导向标识，以及指示功能空间方向的服务导向标识；信息标识主要包括房间名称、门牌号等；安全警示标识则主要包括防撞标志、高差提示标志等。除了典型的标识牌之外，空间环境元素也能够发挥标识作用。

在进行标识系统设计时，应重点关注以下要点。

• 标识系统完整连贯、便于观察

在进行设计时，设施内的各类标识应形成完整的体系，保证风格统一，方便老年人识别。导向标识应沿流线连续设置，避免中断，通过多次、反复设置强化关键的空间方位。

标识的位置要控制在老年人的视线范围内，方便不同身体条件的老年人从不同方向都能够获取到标识上的信息。例如，可以同时在平行于墙面、垂直于墙面甚至地面上设置标志牌，同时照顾行走和乘坐轮椅老年人的需求。（图 14.17）

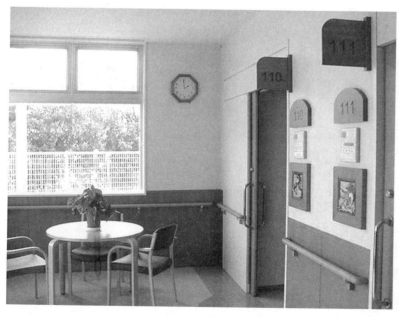

图 14.17　标识系统应方便不同身体状况的老年人从各个方向观看

● 标识内容清晰明确、易于识别

设施内的标识系统应能够向老年人清晰准确地传达信息。

标识内容应精练、准确，符合大众的认知习惯，方便老年人识别和理解，不宜过于复杂或过于抽象，宜采用简明的、形象化的符号语言作为文字的补充，使标识内容更易识别。

标识内容与背景应采用对比强烈的色彩，以尽可能突出标识信息，更加易于老年人识别。实验表明，白色图文内容搭配深色背景的配色方案效果最易于识别。

标识上的文字内容宜采用没有装饰的加粗字体，根据标识尺寸和视距选择合适的字号，文字不宜过度拉伸或压缩，字符间要留有空隙。有研究表明，在相同的条件下，宋体和黑体的文字更易于老年人识别。

为避免眩光影响老年人辨识标识内容，标识不宜采用玻璃、镜面不锈钢等容易产生反射的材料，而应尽量采用具有漫反射效果的表面材料。

● 充分利用环境元素发挥标识作用

除了设置标志牌，设施当中还可充分利用空间界面、标志物等空间元素发挥标识作用，常见的处理方式有以下几种。

地面铺装能够对老年人的行动路线起到引导作用。例如，可通过地面材质显示动静分区，突出老年人的行动路线，或在地面上通过不同颜色的线条标示出连接各个主要空间的路线。（图14.18–图14.19）

运用差异化的空间界面色彩能够有效标识出不同的空间。这种手法常用于标识不同楼栋、楼层或不同的居住单元。

图14.18 通过地面材质变化进行动静分区，引导老年人的行动路线

图14.19 通过地面标线指示行走路线

　　在设施中的核心空间节点，可布置一些特征明显、富有趣味、易于识别的标志物，辅助老年人建立标志物与空间定位的联系，强化空间认知。这些标志物可以是家具、艺术品，也可以是一些老物件。（图14.20）

　　在老人居室门口，可设置供老年人进行个性化布置的置物台、记忆箱。居室内允许老年人自带熟悉的家具、饰品，通过带有个人特色的元素，帮助老年人识别自己的房间。（图14.21–22）

图14.20　将带有趣味性的艺术品和老物件作为空间标志物

图14.21　居室入口处布
置记忆箱、记忆墙

图14.22　居室内允许老年人自带熟悉
的家具、饰品，进行个性化布置

15. 利用室外环境促进交往与健康

社区养老服务设施中的老年人室外活动场地，对于老年人来说具有不容忽视的重要作用。一方面，积极而有规律地参与户外活动，不仅有利于老年人的身体健康，还能通过器械辅助和人为辅助进行身体机能的康复与保持。另一方面，老年人来到室外晒太阳、聊天、欣赏周围的景色、观察社区生活，还会觉得有趣充实、心情愉悦。因此，设施设计中应注意营造舒适宜人的老年人活动场地，为老年人创造良好条件，提升其参加室外活动的积极性。

● 老年人活动场地的功能区

老年人活动场地按功能属性可以分为：健身区、休闲区、绿化景观区等功能区。这些功能区既应根据需求适当区分布置，又要形成相互穿插、使用方便、环境美观的整体。老年人活动场地设计中宜按"动""静"进行场地划分，适应老年人的不同爱好。

● 室外活动场地构成要素

老年人活动场地的主要构成要素一般包括：地面铺装，如漫步道、普通场地、运动场地等；家具设备，如休闲桌椅、健身器械等；植物配置，如乔木、灌木、草坪、花池、种植园地等；景观小品，如花架、连廊、雕塑、水景等。

15.1　活动场地应满足安全性要求

在进行社区养老服务设施老年人活动场地设计与施工时，首先应满足安全性要求，主要包括地面铺装应平整防滑、各类器械和设备选配与安装要坚固稳定等，为老年人提供安全的空间环境，避免留有隐患。

● 地面铺装需平整防滑

老年人活动场地的地面铺装需要保证平整，避免坑洼不平。施工中应注意基础垫层的稳固性与耐久性，做好场地排水设计，避免雨水侵蚀等造成垫层流失引发地面凹陷。地面铺装应避免使用植草砖等带有坑洞或表面高低不齐的材料，以免造成老年人的磕碰、绊倒。此外，地面铺装还应当采用防滑防水性能好的材质，避免因表面过于光滑或易积水湿滑导致老年人滑倒。（图15.1-图15.2）

● 健身区地面宜采用弹性材质

老年人活动场地健身区的地面铺装宜采用弹性材质，如塑胶地面，因为此类材质脚感好，且即便在老年人摔倒时，也具有缓冲作用，可一定程度地降低其受伤概率与损伤程度。（图15.3）

图15.1　老年人活动场地地面铺装应平整

图15.2　应避免老年人活动场地的地面铺装维护不佳、选材不当造成凹凸不平的问题

图15.3　健身区地面铺装宜采用弹性防滑材料

● **器械设备应坚固安全**

老年人活动场地中配置的健身器械、休闲桌椅、设备小品应能保证安全性：其一，桌椅应安放稳定，健身器械应有稳固可靠的安装措施，避免发生倾倒等意外；其二，在重点器械和场地周围设置安全护栏，防止使用中对别人的干扰，降低老年人使用时发生损伤的风险；其三，器械设备、扶手均避免采用带弯钩或尖锐的形式，防止钩住老年人的衣物或刺伤老年人；其四，注意水电安全，避免水景和电器发生安全事故。

15.2　方便休闲促进交往

社区养老服务设施老年人活动场地的布局与设备配置应满足老年人室外活动的特殊需求。因为老年人对于高强度的健身活动的需求减少，最为常见的室外活动是散步、闲坐、晒太阳、聊天等休闲活动，因此，老年人活动场地设计应当对休闲功能有所侧重，促进他们通过休闲活动进行交往。如：可以设置一些面积较大的集体活动场地，将休闲座椅呈向心性布置，促进他们相互交流；也可以加入种植园、宠物园等参与互动区，活跃气氛，并鼓励老年人从事一定的体力活动。家具设备配置上，则宜多设一些座椅，如绕树座椅、带阳伞的桌椅等，并为轮椅老年人预留停靠空间，便于他们参与大家的活动。（图15.4–图15.6）

图15.4　场地设计应有利于老年人在室外活动时参与交往

图15.5　多配置些休闲类家具　　　　图15.6　充分利用屋顶等场地

15.3 功能区大小兼顾动静划分

　　社区养老服务设施的老年人活动场地应对多样化的活动需求形成大小兼顾、动静皆宜的布局，契合老年人的不同喜好，供其自主选择、灵活使用。

● 宜有一块较大的集中场地

　　我国老年人的室外活动有一些独有的特点，喜欢参与集体活动便是其中之一，如广场舞、太极拳等便是许多老年人乐于参与的活动。在社区养老服务设施中也常常组织老年人进行集中活动，因此，在布置老年人活动场地时，宜至少设置一处相对集中、面积较大的场地，方便开展较大规模的户外集体活动。

● 布设灵活多样的小片场地

　　老年人彼此爱好各有不同，有些人喜欢热闹，有些人则喜欢清静，因此，老年人活动场地的布局也需考虑不同老年人的需求差异，宜设置一些灵活的小场地。例如：可以利用绿植、小品等进行室外空间的围合分隔，形成有领域感的小片场地，供老年人独自停留或小群体活动；也可以设置如棋牌角、谈心角、种植角等特色小区域，丰富活动形式。设计小片场地时，应注意进行动、静分区，彼此之间、与集中场地之间做好隔音处理，保证隐私，避免爱好不同的老年人互相干扰、发生矛盾。（图15.7-图15.8）

图15.7　宜有一块集中场地

图15.8　布设灵活多样的小片场地

15.4　注重气候适应性

　　我国幅员辽阔，各地气候和自然条件各不相同，存在明显差异，社区养老服务设施老年人活动场地设计也需根据各地不同的气候特征，采取有针对性的措施，为老年人参与室外活动提供更好的空间环境。

● 炎热地区注意遮阳通风

　　炎热地区的设施应将老年人活动场地布置在夏季主导风向的位置，形成顺畅的通风，避免过多遮挡；在室外活动场地中可以布置一些水景，以便起到调节区域气候、解暑降温的作用；选取景观树木时，宜多栽种一些体形高大、树荫浓密的树木，为老年人户外活动提供阴凉；景观小品的配置，可选用些藤蔓花架、植物廊道等具有防晒效果的元素，方便老年人乘凉闲坐。（图15.9）

● 寒冷地区注意防风防雪

　　寒冷地区的设施老年人活动场地在选择景观树木时，宜栽种一些落叶乔木，冬季树叶凋落，阳光可以给予场地更为充分的照射，利于老年人在户外活动时获得日照；还宜选种一些耐低温的植物，避免冬季全部植物呈现枯枝状态，使室外活动场地的氛围变得荒凉、单调。同时，应避免将老年人活动场地布置在冬季主导风向的位置，或采用围墙、绿篱作为防风屏障。此外，还可设置一些暖廊、温室等，方便老年人在风雪天气时仍可进行一定的活动。

● 多雨地区注意防雨防涝

　　多雨地区的设施宜在老年人活动场地中配置一些可以避雨的活动空间，如亭子、风雨连廊等，在雨天为老年人提供一定的户外活动场地。同时，应处理好老年人活动场地的排水问题，防止积水内涝。

图15.9　老年人活动场地中配置遮阳棚架

15.5　发挥景观的疗愈作用

社区养老服务设施的老年人活动场地需做好景观环境设计，发挥植物、小品等的疗愈作用，促进老年人身体机能的改善和心理健康。

● 丰富景观植物，改善老年人心情

老年人活动场地中宜多种植一些绿植、花卉，它们可以为环境带来自然的气息、有助于营造具有活力的氛围。同时，丰富的景观植物，也可以让老年人在室外活动时感知到清香的植物、芬芳的花卉，获得愉悦的心情。植物选配时需考虑四季均好性，宜丰富多样一些，避免时节变化、植物凋敝带来颓败的视觉感受。

● 鼓励老年人参与绿化种植

老年人活动场地中可设置一些园艺种植区，组织老年人参与种植活动，丰富他们的户外活动形式。老年人通过栽种花卉、培育植物的活动，可以感到自己能够完成一些有意义的工作，获得充实感与成就感。同时，对于部分身体机能下降或患有疾病的老年人，适度地参与园艺活动可以改善他们的机体灵活性，促进康复。（图15.10）

● 布设漫步道，促进老年人的行走

老年人活动场地中可以铺设一条漫步道，供老年人行走锻炼使用。漫步道对于需要肢体康复的老年人来说，是非常好的户外锻炼空间，能起到促进行走，助益康复的疗愈作用。漫步道可与景观绿化邻近或穿插设置，让老年人行走时能够近距离接触到花草植物，提升其参与漫步活动的积极性。漫步道宜选用弹性防滑地面材料，明显区

图15.10　设园艺种植区，发挥疗愈作用

别于其他地面，并设置辅助扶手，方便老年人撑扶。另外，供失智老年人使用的漫步道，宜采用环形或可循环的形式，防止其迷乱走失。（图15.11）

● 充分考虑轮椅老年人的需求

老年人活动场地设计中应考虑轮椅老年人的行动方式与特点，为其参与户外活动创造有利条件。例如：可在绿植空间中设置一些架空花箱、水池，符合轮椅老年人的触感高度，方便他们靠近，亲手触摸、感知植物和流水。（图15.12）

15.6　设备器械与室外家具适合老年人使用

社区养老服务设施老年人活动场地的器械设备与室外家具需符合老年人的身体特征，力度适中、高度合适、质感温和。

图15.11　设置辅助锻炼的扶手，供老年人使用的环形漫步道

图15.12　方便轮椅老年人靠近的下部挑空花池

• 考虑老年人的身体力量

老年人身体力量有所下降，健身器械宜以辅助老年人康复与保持身体机能为主要目的，不宜设置过多的力量型设备。

• 具有适宜的高度

由于老年人平均身高低于其他成年人，健身器械应适当降低高度；老年人起身较困难，座椅不宜过矮，最好配有扶手，方便老年人撑扶。

• 具有温和的质感

为老年人活动场地选择设备器械与家具时，应当注意其表面质感的舒适度。例如：采用耐候木质座椅，避免金属、石材质感坚硬，且存在冬季冰冷、夏季过热的不足；选用树脂材质的扶手，令老年人在抓握时感受更加舒适。（图15.13）

15.7　与室内空间形成视线互动

在布置老年人活动场地时，宜考虑与室内空间形成视线上的互动，将老年人活动场地布置在老年人生活空间可观察到的位置，这样能产生许多积极的作用：其一，场地中布置的景观绿化可以让室内的老年人感受到户外的自然气息，感受场地中的活力，这些都有利于吸引老年人去往室外、参与活动。其二，场地栽种的植物花卉、布设的亭台景观、发生的点滴活动等，都能成为室内的老年人闲暇时观看欣赏的素材，丰富其感知，愉悦其心情。另外，室内外的视线互动，也为护理人员观察老年人活动状况提供了良好条件，当有意外发生时，可及时发现并快速给予帮助。

图15.13　座椅表面为金属材质，触感不佳

15.8　巧妙利用外廊等灰空间

社区养老服务设施在进行建筑与老年人活动场地的设计时，可以考虑巧妙地设置一些灰空间[①]，如外廊、花架、雨棚等，其积极作用体现在多个方面：其一，灰空间具有一定的空间围合与限定，能够给老年人以安全感，在其中停留、活动容易获得舒适、放松的感受；其二，灰空间与室外环境相通，视线通透，在此休闲可以直接欣赏室外的景观，观察到室外的活动，能让老年人产生对户外活动的兴趣与参与感；其三，灰空间具有遮风挡雨、荫蔽烈日的作用，适合在不同天气情况下的使用。（图15.14）

15.9　丰富多样的绿化植物

社区养老服务设施的老年人活动场地设计中应重视植物配置。在保证安全的前提下，应选取丰富多样的绿植、花卉，进行灵活的搭配组合，充实室外活动场地的景观。

● 植物选取需保证安全

绿化植物的选择首先要保证安全性，避免选用带刺、有毒、有异味等不安全的绿植花卉，以免对老年人造成伤害。（图15.15）

① 灰空间：通常指建筑外部设置的外廊等有顶的半室外空间，其介于室内外之间，有联系与过渡的作用。

图15.14　设置开敞外廊灰空间

• 植物选取应丰富多样

绿化植物的选择应具有多样性，可以利用各种绿植、花卉形成高低错落穿插、落叶与常绿穿插、观花赏叶穿插、不同色彩穿插等绿化形态，让景观形式多样、层次丰富。同时，需考虑不同季节有不同的观赏植物，其搭配宜四季均衡，让各时节均有花木可赏。此外，可以栽种一些能采摘果实的植物，让老年人有机会参与互动，获得丰收的喜悦。（图15.16）

• 选用易于维护的植物

绿化植物的选用应有利于长期维护，减少维护成本高的草坪，使植物能长久地保持良好的状态，持续发挥景观效用，并节省管理成本，多选取一些易于维护的植株，避免由于维护困难造成颓败、荒废的景象。

• 选用大小合理的植株

绿化植物应选用大小合适的植株，由于社区养老服务设施一般建筑规模较小，

图15.15 植物选取需保证安全

图15.16 选取丰富多样的绿植、花卉

场地有限，宜采用植株适宜的植物。例如：位于视线通廊上的植株大小应得当，体形过大会阻隔视线，不利于护理人员的看护；距离建筑较近的植株太过高大则容易形成对建筑的日照遮挡；而场地中阳光强烈的位置，则宜栽种树荫较大的植物，以作遮阳之用。因此，植株的大小应根据种植位置合理选择，让植物与建筑、场地形成良好的关系。

16. 认知症友好化的空间环境设计策略

中、轻度认知症老年人是社区养老服务设施的服务对象之一，如何安排好他们的照护服务和活动空间是大多数设施在设计和运营过程中都需要面对的问题。（表16.1）

相关研究和实践经验表明，根据老年人的认知能力和身体状况实行分级照护，有助于提供更具针对性的照护服务。例如，在身体状况较为相近的情况下，根据老年人认知状况的差异，可将没有认知障碍的老年人和不影响他人正常活动的轻度认知障碍老年人划分为同一等级，组织提供常规的活动和照护服务；将存在较多认知障碍问题行为的老年人划分为另一等级，提供专业的照护和认知康复服务。

不同照护分级的老年人宜分区组织活动、提供照料服务，按组团布置服务、就餐、活动的功能空间，以避免相互干扰。但与此同时，各个分区之间又应保持近便的联系，以便根据使用需求灵活调配空间和人力，提高服务效率（图16.1）。

表16.1　基于老年人认知障碍的建筑设计要点

异常状况	行为特点	建筑设计要点
徘徊	没有目的地来回走动，持续时间可达数小时；无目的外出，导致迷路走失	设置回游路径；大环境封闭安全，小区域自由开放
重复动作	重复地做机械性的动作或重复地说同样的话，如反复开门、开窗、开关	通过涂鸦、彩绘、遮挡等方式，消隐门窗和开关位置
错认	无法识别原本熟悉的地方或人	设置标识标志，提高空间识别性
藏东西	把自己认为重要的物品藏起来，又因记忆力下降忘记藏在哪，甚至有被盗妄想症；收集没有价值的东西（如垃圾、塑料袋等）	设置陈设展架、透明材质的柜子，使物品可见
情感淡漠	情感活动衰退，表情呆滞，对周围事物没有反应，缺乏生活的积极主动性	设置社会交往空间；空间组团化设计

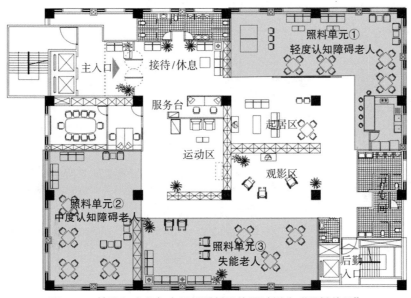

图16.1　某认知症老年人日间照料设施通过划分"照料单元"，
实现不同程度认知障碍老年人的分区活动

相比于大规模的集中照护，小规模的单元照护更受推崇，主要有以下几方面的原因。首先，小规模的照料单元空间环境尺度更为舒适宜人，更有利于创造日常化、家庭化的生活场景。其次，小规模的照料单元有利于加强认知症老年人对空间环境的认知和控制感，促进他们独立进行空间定向。再次，将每个单元的人数控制在熟人社会的有效范围内，既能够拉近人与人之间的关系，让老年人保持一定的社会交往，又能有效避免老年人被过多的社会关系所困扰，尊重认知症老年人认知功能衰退的精神需要。最后，小规模的照护单元也更有利于服务人员开展工作，既能保证服务质量，又能有效节约成本。

因此，有条件时，无论是提供日间照护的服务类设施，还是提供长期照护服务的入住类设施，都建议设置小规模的照护单元。参考国内外相关标准和实践经验，建议针对认知症老年人的日间照料单元宜控制在20人以内（图16.2），入住照料单元则宜控制在9-10人（图16.3）。

在进行空间环境的设计时，应注意充分结合认知症老年人的身心特点，营造安全的、认知症友好化的设施空间环境，重点关注以下要点。

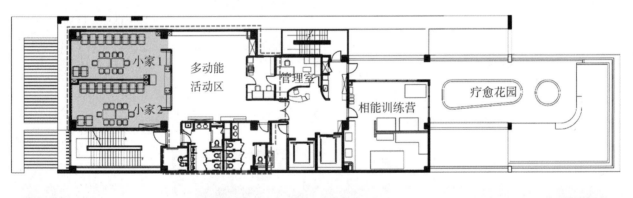

图16.2　某认知症老年人日间照料设施设置"小家"组织老年人分组活动

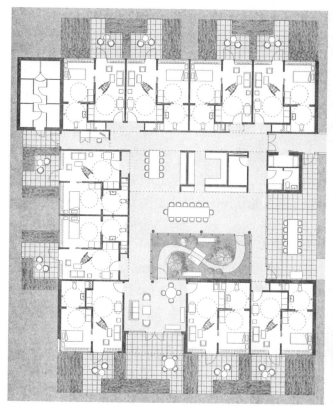

图16.3　某认知症老年人入住设施设置多种活动空间适应老年人的不同活动需求

16.1　提倡划分"大封闭小开放"的空间层级

　　预防认知症老年人走失是社区养老服务设施必须要应对的问题之一。在空间设计方面，需注意明确划分空间层级，并采取针对性的管理措施，以确保安全，防范风险。

　　整体而言，社区养老服务设施的空间层级设计提倡"大封闭小开放"，采用"外紧内松"的管理模式（图16.4）。

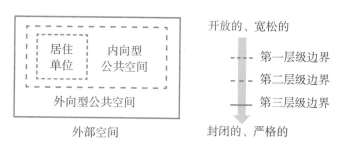

图16.4　社区养老服务设施空间层级划分示意图

• 老年人生活空间内部自由开放

位于设施内部、供老年人使用的生活空间宜通过开放的空间边界相连接，采用宽松的管理方式，在指定范围内允许认知症老年人自由出入，鼓励他们积极参与各项活动，并由护理人员实时关注老年人的活动状况，提供必要的照护服务（图16.5）。

• 老年人生活空间边界加强管理

对于连接设施内外空间环境的交通空间（如门厅等）、共享空间（如社区餐厅等）和室外场地（如庭院等），应注意加强对出入口的管理，通过设置门禁系统或应用其他智能设备，对人员的出入进行控制，以避免认知症老年人走失（图16.6）。

• 室外活动场地适度封闭

研究表明，为认知症老年人设置可自由进出的花园等室外活动空间是非常必要的，这有助于降低老年人在室内空间"被监禁"的感受，减少激越等问题行为的发生。为保证安全，避免老年人尾随访客或工作人员外出走失，室外活动场地通常需要适度封闭、与外界隔离，宜采用内庭院的形式（图16.7），或通过植被、地形、建筑、栅栏等自然或人工的空间屏障进行隐蔽的围合（图16.8），形成明确的场地边界，在维护老年人尊严、减少不自由感的同时，将他们的室外活动控制在安全的范围内。

图16.5 位于设施内部的组团活动空间自由开放，
老年人可自由使用

图16.6 位于设施内外交界处的门斗设有门禁
系统，控制老年人出入

图16.7 供认知症老年人进行室外活动的内庭院空间

图16.8 通过栅栏围合出认知症老年人的室外活动场地

16.2　充分发挥"显""隐"的空间暗示作用

视觉信号对认知症老年人具有重要的提示作用，在设计当中可充分利用"显"和"隐"的视觉处理手法，对老年人进行必要的空间暗示，引导他们"趋利避害"，合理地认识和使用空间。

● 突显希望老年人识别的空间元素

在空间环境设计当中，可通过畅通的视线和强烈的色彩对比突出希望老年人观察到的空间元素，辅助老年人的空间认知。

以卫生间为例，相关研究表明，当认知症老年人在床头能够看到卫生间内部时，能够显著增加他们自主使用卫生间的机会。通过色彩对比突出家具、洁具、扶手等的位置，有助于认知症老年人自主识别和使用设施设备。下图所示的认知症老年人居室卫生间当中，就通过在局部铺设红色墙砖，对比突出了白色的水池和坐便器，易于老年人识别，有效避免了老年人因找不到坐便器而失禁，或在其他位置如厕的问题（图16.9）。

又如，在走廊当中，可通过加强门与墙面的色彩对比，突出希望老年人使用的门的位置（图16.10），并通过不同的色彩、图案或个性化标志物方便老年人识别自己的房间（图16.11）。

图16.9　通过墙面与洁具的色彩对比突出水池和坐便器的位置

•隐藏不希望老年人使用的空间

为确保认知症老年人的安全，设施当中的组团出入口、楼梯间、后勤用房、设备管井等空间和设备往往是不希望老年人到达和使用的。它们的形式既不能过于生硬和显而易见，让老年人产生被拒绝、被束缚的心理感受，又要能够切实起到分隔空间、便于管理的作用。因此，通过自然、巧妙的设计手法将它们隐藏起来，是更为有效的处理方式。

在室外活动场地边界的处理上，可利用建筑、绿篱、树木和地形变化等元素，自然围合出场地的边界（图16.12），并通过合理组织人行道路，将认知症老年人控制在安全的活动范围之内。

图16.10　通过墙面与门的色彩对比突出卫生间门的位置

图16.11　通过在居室门口设置记忆箱方便老年人识别自己的房间

图16.12　通过建筑、植被、地形等元素自然围合场地边界

在室内空间边界的设计上，可通过使用与墙面相同的颜色（图16.13）、张贴连续的图案（图16.14）等方式，将储藏间、管道井、楼梯间等不希望被认知症老年人发现的空间出入口消隐在墙面之中，避免引起老年人的注意，在维护老年人尊严的同时，保证老年人在安全区域活动的自主性（图16.15）。

在细部设计的处理上，可适当通过一些"反常规"的设计手法，避免老年人的不当使用。例如在图16.15所示的设施当中，将公共区域的平开窗开启扇设计为不透明的材质，以创造实墙感，有效避免了认知症老年人擅自开启窗户发生危险状况。

图16.13 楼梯间和管井的门采用与墙面相同的颜色，以避免引起老年人注意

图16.14 认知症老年人居住单元大门与两侧墙面张贴佛像，避免老年人随意打开

图16.15 开启扇采用不透明材质，避免认知症老年人擅自开启

16.3 设计便于定向的寻路系统

认知症老年人的空间定向能力会出现不同程度的衰退，为避免老年人走失或迷失方向，在设施中应注意做好寻路系统设计，为老年人提供"导航"。

• 避免复杂的交通动线

社区养老设施当中的走廊应尽可能简短便捷，采用一字形、L形等简单的流线形式，这样有助于认知症老年人表现出更好的空间定向能力。

避免出现过于曲折、冗长的交通流线和过于复杂的走廊交会口，以防老年人产生空间定向障碍（图16.16）。

• 设置回游动线

有条件时，可将老年人的主要活动路径设计为环形（图16.17），这样一方面能够避免老年人在步行过程中遭遇"断头路"，产生迷惑沮丧的情绪；另一方面也能够让老年人有机会再次回到之前出发或经过的熟悉地方，让他们感到安心。

图 16.16　交通动线设计的正误对比分析

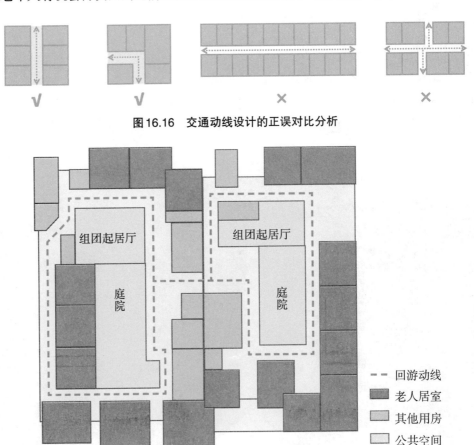

图 16.17　回游动线示例

• 采用开放式的平面布局

认知症友好型的社区养老服务设施宜采用开放式的平面布局，更多通过公共空间而非走廊将房间门串联在一起（图16.18），这样有助于加强空间之间的视线与流线联系，便于认知症老年人的自主空间定向。

• 设置明显的空间标志物

个性化、特色化的空间标志物能够帮助认知症老年人有效辨别自己所在的方位。

在公共空间当中，可将具有鲜明特色的家具、绿植或艺术品布置在重要的空间节点上，作为特定的空间标志物。这样每当老年人经过或看到这些标志物时，就能够比较容易地判断自己的方位和行进方向（图16.19）。

■ 老人居室
■ 其他用房
□ 公共空间

通过走廊串联房间的封闭式平面布局

通过过共空间串联房间的开放式平面布局

图16.18　通过走廊串联房间与通过公共空间串联房间的平面布局比较

从门厅向织布间看

从织布间向门厅看

图16.19　以织布机作为明显的空间标志物，方便老年人识别

不同楼层、不同功能分区或不同居住单元当中墙面、家具和配饰可采用差异化的配色方案，形成各自的特色，以方便老年人辨别（图16.20）。

　　在老年人居室的入口处设置醒目的个性化元素，能够帮助认知症老年人轻松地识别出自己的房间。这些个性化元素可以是不同的墙面色彩、独一无二的图案标志、老年人的照片，也可以是对老年人具有纪念意义的物品。入口空间的设计需考虑个性化元素的张贴和摆放需求，设置展示墙面、置物台或记忆箱（图16.21）。

图16.20　通过不同颜色的门帘区分不同楼层

图16.21　通过个性化标志陈设提示老年人居室入口

• 通过环境元素暗示行走路径的方向

受到认知功能衰退的影响，一些患有认知症的老年人无法有效接收和理解文字导向标识的意义，在没有其他方位提示信息的情况下，容易迷失方向；当遇到封闭的门、阻断的道路和走廊交叉口时，容易引发沮丧情绪。

在设计中，可通过采用统一连续的地面铺装材料、照明灯具、墙面装饰等环境元素，暗示老年人行走路径的方向（图16.22）。

16.4　营造熟悉的生活环境

对于认知症老年人而言，熟悉的环境更有利于放松心情，减少问题行为的发生，促进有意义的自主活动。因此，在环境设计当中，应注重营造他们所熟悉的空间体验。

• 采用早年间的装修风格

认知症老年人最先丧失的是近期记忆而非远期记忆，因此他们往往对自己早年间的生活环境仍保留有较为深刻的印象。在空间设计当中，可通过采用早年间的装修风格，"唤醒"老年人的记忆，营造熟悉的感受（图16.23）。

• 营造熟悉的家庭生活场景

熟悉的家庭生活场景有助于唤起认知症老年人的记忆，引导他们开展有意义的

图16.22　运用墙面上张贴的绘画作品引导老年人的行走路径

家庭活动，维持日常生活能力。例如，在组团起居厅备餐区的布置当中，可通过设置充足的操作台面和设施设备，营造家庭餐厨空间的氛围，以促进认知症老年人参与到餐前准备和餐后整理等活动当中（图16.24）。

- **允许自带居室家具，进行个性布置**

认知症老年人对于陌生环境容易产生焦虑感和抵触情绪，为缓解这种状况，建议允许入住设施的认知症老年人从家中自带部分家具和用品，对居室空间进行个性化布置，营造更接近于自己家中的、熟悉的居住环境，以减轻他们搬入新环境所带来的不适感受，产生安心感与归属感。为了实现这一目的，老年人居室应预留一定面积，以便老年人根据自己的喜好添置或更换家具，适应不同的家具布局形式，留出安全的移动空间（图16.25）。

图16.23　上海某设施通过老上海的装修风格营造 老年人熟悉的生活环境

图16.24　备餐区营造家庭餐厨空间氛围，可促进认知症老年人参与家务活动

图16.25　个性化的居室空间布置

16.5　融入五感康复元素

随着认知和记忆功能的逐渐衰退，认知症老年人将更加依赖视觉、听觉、触觉、嗅觉、味觉等基础感官所关联的深层记忆。在社区养老服务设施的设计当中，将五感刺激融入日常生活环境，有助于延缓老年人神经系统的衰退，提高认知症老年人的生活质量。

● 设置开敞备餐区

在就餐空间的设计当中，可将备餐区布置为开敞的形式，使老年人在用餐时间能够闻到餐食散发出的香味，这样既能提醒老年人吃饭时间到了，又可以刺激老年人的食欲，吸引他们来到餐厅用餐（图16.26）。

● 设置感官花园

在设施当中，可利用室外绿化场地、屋顶平台或阳光房等空间设置感官花园（图16.27），种植树木、花卉、蔬果等植物，布置流水、假山、小品等景观元素，饲养小鸟、金鱼等小动物，融入尽可能丰富的感官元素，使老年人在与自然景观的互动当中，获得全方位的感官刺激体验，帮助他们克服行动、认知和感官交流能力等方面的障碍，起到康复疗愈作用。

图16.26　开敞式备餐台能够让老年人看见餐食的制作过程、闻到诱人的香味，从而起到提示就餐时间、刺激食欲的作用

● 设置多感官治疗室

有条件时，设施中可设置多感官治疗室（图16.28），借助专业的治疗设备，通过声音、光线、触摸材料、气味等元素的综合作用，启发和培养老年人的认知反应。

16.6 利用设备防范风险、保障安全

在社区养老服务设施的设计当中，可充分利用设备防范风险，确保认知症老年人的安全。

图16.27　感官花园的设计实例

图16.28　多感官治疗室设计实例

　　例如，通过为认知症老年人佩戴智能手环（图16.29）实时监控老年人在设施当中的位置和状态，出现突发情况时系统会立即报警，提醒护理人员及时查看并采取应急措施，避免老年人走失或发生危险；为设施当中的重点出入口安装门禁系统（图16.30），将认知症老年人的活动范围控制在安全区域；设置双按钮电梯（图16.31），避免认知症老年人独自操作电梯离开所在楼层。

图16.29　智能手环　　图16.30　楼梯间安装门禁系统　　　　图16.31　双按钮电梯

17. 既有建筑改造类项目改造设计策略

目前，很多社区养老服务设施建设类型为既有建筑改造类设施，这是因为中国社会的人口老龄化现象与城市发展并不同步，在曾经的城市规划中，养老服务设施并没有作为社区配套设施，是城市规划层面的缺项。为了满足日益增长的养老需求，必然需要利用一些用房进行功能转换，例如将商铺、住宅、办公楼、酒店等用房改造成养老服务设施，以增加设施的数量，缓解养老压力。另外，很多原有养老设施由于当时设计水平的局限，并不能完全符合现在的要求和标准，因而也需要通过改造提升空间品质，以便更好地为老年人服务，由此就出现了很多既有建筑改造类的项目。

既有建筑改造类的社区养老服务设施由于原有用房的种种局限，在改造过程往往遇到诸多难点，与新建设施相比，改造设计有其独特的设计原则与策略[①]。

17.1 改造设计原则

• 改造应遵循因地制宜的原则

现有的既有建筑改造类设施常位于城市老旧小区中，房源类型及所处社区环境较为复杂，底层商业、传统院落、简易平房、住宅、办公、旅馆等皆有可能作为既有用房进行改造。由于各改造项目建设条件差异较大，且存在诸多制约因素，难以采用统一的改造方法，因而在设计中应遵循因地制宜的原则，针对特定问题提出针对性的解决策略。

• 改造应遵循改造条件评估先行的原则

社区养老服务设施的服务对象是老年人，由于其生理、心理和行为的特殊性，对建筑环境的安全性、健康性和便捷性的要求较为严格，并不是所有的用房都能适用。此外，由于此类项目的所处环境一般为既有社区，对原有用房的改造可能会对周围环境带来不利影响。因此，在开展设计之前应进行改造条件评估，以便提出针对性的设计策略。

改造条件的评估包括对原有用房适用性评估和周边环境影响评估。其中：原有用房适用性评估对象为原有用房和用地本身，包括建筑可行性评估、消防安全性评估、结构可靠性评估和设备基础条件评估等；周边环境影响的评估对象为项目所在的周边环境，内容包括改造后的建筑体型对周边建筑和场地的遮挡、设备噪声对周边用户的干扰、车辆出入和停放对周边道路的影响、建筑造型与所在区域整体风貌的协调等。具体评估的内容如图17.1所示。

为了保证社区养老服务设施的基本服务功能，适合选择并进行改造的原有用房应满足如下主要条件：

① 参见《城市即有建筑改造类社区养老服务设施设计导则》T/LXLY0005-2020。

> 建设选址：宜满足5分钟生活圈的要求。

> 空间要求：室内至少有或通过改造可以有1个较大空间。

> 通达性：至少应有1个机动车可以通达的出入口。

> 安全性：出入口数量应符合消防疏散要求。

> 无障碍条件：优选位于首层或有电梯的用房。

> 结构体系：优选主体为框架结构或室内墙、柱等承重构件较少且安全性能好的用房。

> 基础资料：优选已报过规划、消防，且原有设计图纸较为齐备的用房。

● 改造应遵循建筑、结构和设备各专业设计协同的原则

既有建筑改造类设施的改造不仅涉及空间环境的优化设计，同时还包含结构、暖通空调、电气、给排水等多专业的优化设计。其一，部分原有用房由于建设年代较早、结构标准偏低、日常维护不佳，存在结构安全性不够的问题，需要进行结构改造和加固。其二，部分原有用房由于基础设施条件落后，存在无法满足现有规范及使用要求的问题，需要进行设备改造和增容。

既有建筑改造类设施的建筑设计应与结构、设备等各专业协同配合，协调好结构和设备设计与空间适用性的关系，避免由于不同专业设计之间的脱节影响设施的适用性。同时在设施结构和设备改造时，应本着尽量少占用建筑面积、空间和净高的原则，在保证结构安全和设备适用的前提下，采用适合原有用房条件的改造方案，避免影响空间布局和感受。例如：在结构改造和加固设计时，应注意与空间布局的

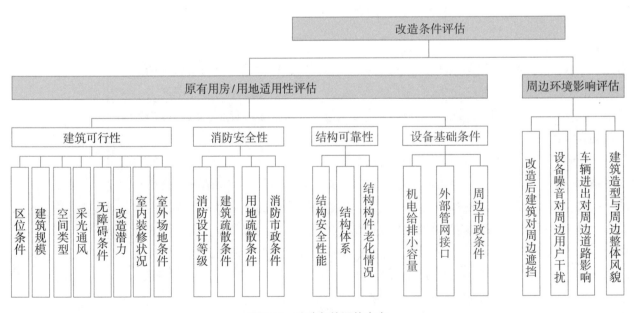

图17.1　改造条件评估内容

相互协调，避免因植入过多的墙体、柱子和梁等结构构件阻挡交通流线，破坏室内空间的通透感和灵活性。又如，当原有用房室内层高较低时，可调整喷淋管道的布置路线，减少喷淋系统对有限空间高度的占用。

● **改造应遵循空间改造设计与设施设备协同的原则**

很多情况下，既有建筑改造类设施由于原有用房条件的局限，难以通过建筑空间改造的手段来改善空间品质，或者进行空间改造的经济成本远大于目标效果时，可以适当地采用专业的设施设备、家具部品等弥补空间改造中的不足。例如，当原有用房不具备设置坡道的条件而致难以满足无障碍垂直交通要求时，可以采用一些无障碍设备加以解决。（图17.2）（常见设备详见附录）

17.2 原有用房的常见类型和改造难点

既有建筑改造类设施的原有用房常见类型多样。按照原有功能，包括养老服务、居住、商业、办公、旅馆、会所、文教、医疗和工业等。按照建筑类型，包括平房（含院落）、单层大空间、多层和高层建筑等。按照使用方式，包括独立式和依附式，前者为该设施独用；后者则非该设施独用，常见设置在居住、商业、办公等建筑的底层。按照设施层数，包括一层和多层（二层及以上）。（图17.3）

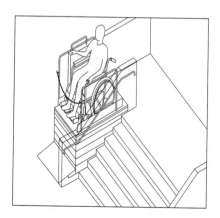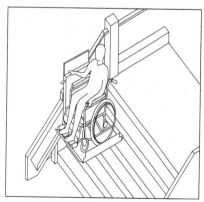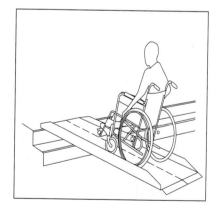

图17.2 利用升降设备、临时坡道解决垂直交通问题

这些类型不同的原有用房在改造为社区养老服务设施的过程中往往存在以下问题①：

➤ 部分原有用房由于建设年代久远、历经多次改造、空间环境复杂、基础材料缺失，存在建设条件不明的问题。

➤ 部分原有用房由于建筑面积有限，与使用需求有一定差距，存在建筑规模不足的问题。

➤ 部分原有用房由于建设年代较早、结构等级偏低、日常维护不佳，存在结构安全性不够的问题。

➤ 部分原有用房由于用地环境封闭、对外开口受限、周边道路狭窄，存在交通疏散困难的问题。

➤ 部分原有用房由于地面存在高差、未设垂直电梯、通行宽度不足、卫生间狭小，存在无障碍设计困难的问题（图17.4）。

① 参见《北京市养老设施建筑环境分析》北京：华龄出版社，2018。

图17.3 既有建筑改造类设施的原有用房常见类型

➤ 部分原有用房由于自身朝向不佳、立面开窗受限、被周边设施遮挡，存在日照、采光通风受限的问题。（图17.5）

➤ 部分原有用房由于平面布局单调、空间封闭、承重墙体过多，存在影响使用的问题。

➤ 部分原有用房由于室内空间局促、层高偏低、装修陈旧，存在令人感觉不适的问题。

➤ 部分原有用房由于没有室外空间或室外空间狭小，存在室外场地不足的问题。

➤ 部分原有用房由于市政基础薄弱、自身机电和给排水等条件落后，存在需要设备改造、增容的问题。

原有用房建筑出入口室内外高差较大

原有用房室内走廊狭窄

原有用房建筑出入口外空间局促，难以加设无障碍坡度

原有用房卫生间狭小缺乏灵活性

图17.4　原有用房常见的各类无障碍设计难点

由于原有用房进深较大，导致部分空间没有直接对外的窗户，难以引入自然光

图17.5　原有用房室内通风采光条件不佳

17.3 针对重点问题的改造策略

● 原有用房建筑规模不足的改造策略

既有建筑改造类设施的适宜功能配置与原有用房的建筑规模密切相关，需结合养老需求和建筑规模综合考虑，合理配置服务功能。当建筑规模受限时，可以从设施所在区域老年人的普遍需求出发，对养老服务的重要程度进行排序，优先提供最急需的服务，并配置相应的功能空间。同时，也可以通过灵活处理各类空间的布局方式，尽可能多地提供服务，具体改造策略如下。

内部加建：在满足是规划条件的前提下，若设施原有用房室内的高度较为充足，可设置夹层，拓展使用空间；若原有用房有可封闭的院落，可通过设置屋顶将其转换成使用空间；若原有用房室内设有中庭，可通过增设楼板拓展使用空间。（图17.6）

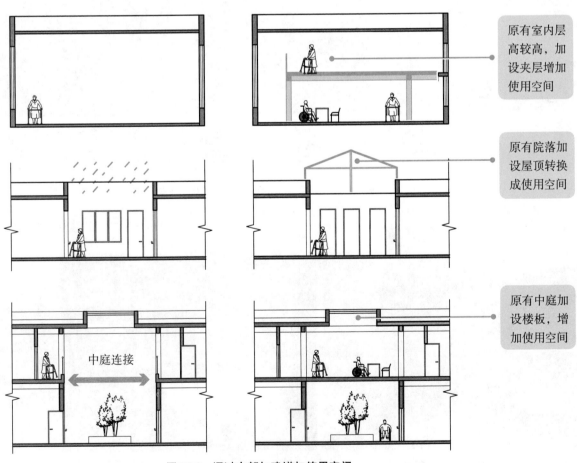

图17.6 通过内部加建增加使用空间

开放布局：通过"一室多用"的空间组织方式，对老年人生活空间采用集中、开放的空间形式，将有限的空间整合使用，如集中布置就餐区、多功能活动区等，以便节约交通面积，提高空间使用效率。

灵活布置：同时将大空间灵活分割，如采用折叠门、推拉门等可变隔断，以便根据不同功能要求既可集中使用，又可分区使用。（图17.7）

定时周转：功能定期周转是指用一个空间轮换实现不同的功能，如辅具租赁、康复理疗、理发和足部护理可共用一个空间，每日轮流提供不同的服务。

分时利用：空间分时利用指不同功能融合在一个空间，如：餐厅采用可灵活组合的桌椅，用餐时间以外成为文化娱乐空间；日间休息采用可转换式床具，午休时间以外成为文化娱乐空间。

● 原有用房室内通风采光不佳的改造策略

既有建筑改造类设施的原有用房由于自身朝向不佳、开窗受限、被周边设施遮挡，会存在室内采光通风受限的问题。因此，在改造设计中，需重点关注老年人生活空间的自然采光和通风条件，为老年人营造光线充足、通风良好的生活环境。当原有用房室内采光通风受限时，应巧妙应对问题，具体的改造策略如下。

若原有用房由于进深过大而导致内部采光通风不佳时，可通过设置内院进行改善。（图17.8）

图17.7　采用开放布局和提高空间利用率和灵活性

若原有用房由于外墙与周边建筑贴合而导致无法开窗时，可通过将建筑形体局部内凹形成院落，增加在外墙开窗的机会；或开设高窗、天窗进行改善，并进行必要的遮光设计。（图17.9–图17.10）

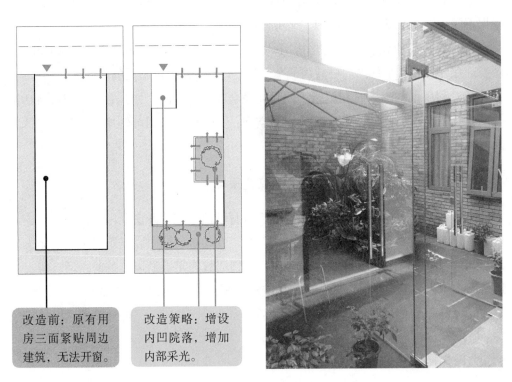

改造前：原有用房三面紧贴周边建筑，无法开窗。

改造策略：增设内凹院落，增加内部采光。

图17.8　设置内庭院给建筑中部无法采光处增加采光

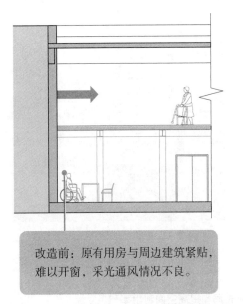

改造前：原有用房与周边建筑紧贴，难以开窗，采光通风情况不良。

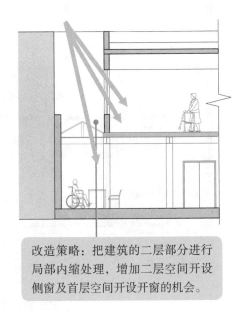

改造策略：把建筑的二层部分进行局部内缩处理，增加二层空间开设侧窗及首层空间开设开窗的机会。

图17.9　建筑形体局部内凹，增加外墙开窗机会

　　若原有用房仅有单侧采光通风条件时，可通过采用透明的房间界面，提高对侧房间的照度水平。（图17.11）

　　若原有用房由于周边地面存在较大高差而致部分空间位于地下时，可通过设置下沉院落、采光井改善采光通风。（图17.12）

　　此外，除了建筑改造外，还可以通过光导管采光系统和机械通风等设备对设施的采光通风条件进行辅助改善。（图17.13）

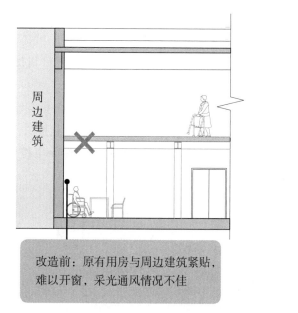
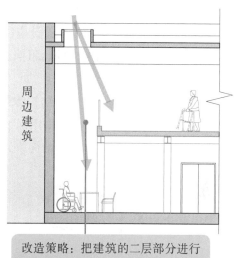

改造前：原有用房与周边建筑紧贴，难以开窗，采光通风情况不佳

改造策略：把建筑的二层部分进行局部内缩处理，增加二层空间开设侧窗及首层空间开设天窗的机会

图17.10　设置中庭，开设天窗，增加顶部采光

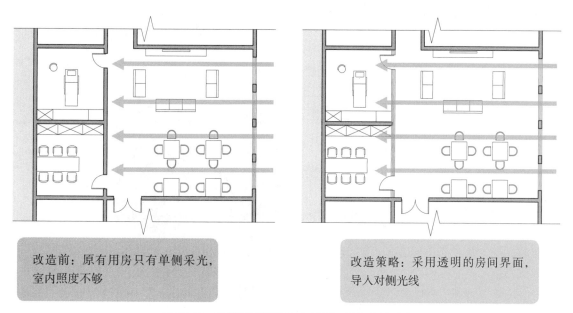

改造前：原有用房只有单侧采光，室内照度不够

改造策略：采用透明的房间界面，导入对侧光线

图17.11　改造原有用房室内界面，导入自然采光

• 原有用房结构安全性不足的改造策略

部分改造类社区养老服务设施由于原有用房的建设年代较早、结构标准偏低、日常维护不佳，存在结构安全性不足的问题，需要进行结构改造加固。然而，根据社区养老服务设施的使用特点，需要较为通透灵活的室内空间，应避免由于不当的结构改造加固带来的阻隔。同时，由于原有用房的空间资源有限，在保证结构安全的前提下，应减少结构改造加固对空间的占用。因此，在改造设计中需要协调好保证结构安全与空间使用便捷的关系。在设施进行结构改造时，应注意以下要点。

结构改造和加固设计应注意与空间布局调整相互协调，避免因植入过多的墙体、柱子和梁等结构构件而阻挡交通流线，破坏室内空间的通透感和灵活性，对项目使用带来影响。

当需要增加新的结构体系时，应根据原有用房的结构特点和改造后的空间需要选用可靠的方式，如采用钢结构，以便降低对原有结构体系的影响并减少空间损失。

当需要增加新的结构单元时，除非能够确保对原有用房的结构单元的影响可控，

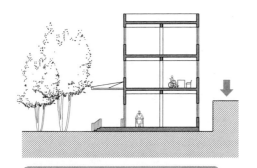

改造前：设施部分空间位于半地下，影响采光通风

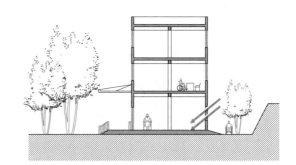

改造策略：扩大下沉院落设施向下沉院落开门窗，改善采光通风

图17.12　部分地下空间通过设置下沉院落增加采光通风

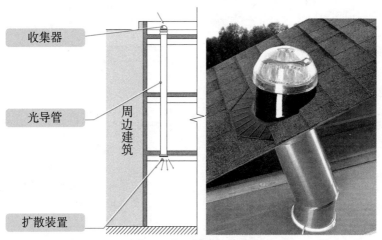

收集器

光导管

周边建筑

扩散装置

图17.13　光导管示意图

否则新增加的结构单元应单独设置，如与原有结构采用结构缝脱开，以保证两个结构单元的稳固安全。（图17.14）

● 原有用房不满足无障碍要求的改造策略

既有建筑改造类设施原有用房的功能未必是服务于老年人和残障人士，因此往往存在无障碍设计的缺失或不足。无障碍改造设计难点部位一般包括通行空间和卫生间，常常存在未设电梯、通行宽度不足、走廊无扶手、室内地面存在高差、卫生间狭小等问题，对老年人使用带来严重的安全隐患，必须加以改造。具体改造策略如下。

针对垂直交通无电梯：若改造项目的原有用房为多层，应解决垂直无障碍通行。在改造条件有限的情况下，可采用无基坑电梯、无机房电梯或斜挂式平台电梯、座椅电梯等。（图17.15）

针对通行空间过窄：若通行空间墙体为轻质材料时，可通过调整隔墙位置进行拓宽，以便满足相关标准的要求；若走廊具备局部拓宽条件时，可通过拆除部分墙体、利用门洞内缩或落地窗外凸等方式形成走廊局部空间放大，以便满足人员和设备错位、转向的要求；若走廊两侧墙体均为承重墙而不具备拓宽条件时，可结合结

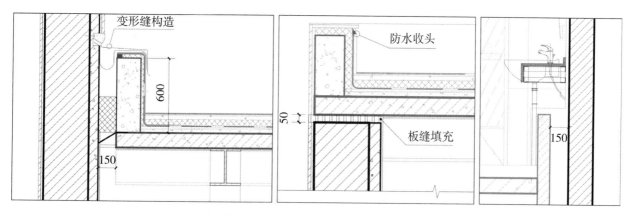

图17.14　新旧结构相互独立示意图

图17.15　各类无障碍垂直交通设备

构改造对墙体位置、洞口尺寸进行局部调整。（图17.16）

针对地面存在高差：地面高差大于15mm就会影响轮椅的通行，既有建筑改造类设施应结合具体条件，正确处理不同的地面高差。（表17.1和图17.17）

表17.1　不同地面高差的处理方法

高差类别	高差尺寸	是否影响轮椅通行	建议处理方式
细小高差	≤ 15 mm	否	高差做抹角处理或两侧地面做平
	> 15 mm 且 ≤ 50 mm	是	设置板式小坡道
较大高差	> 50mm 且 ≤ 1200mm		设置符合要求的无障碍轮椅坡道
	> 1200mm 且 ≤ 3000mm		垂直、斜挂式升降设备
大高差	> 3000mm		电梯、斜挂式升降设备

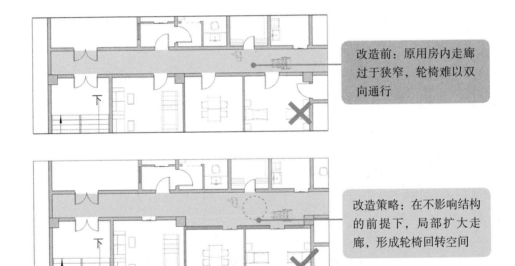

改造前：原用房内走廊过于狭窄，轮椅难以双向通行

改造策略：在不影响结构的前提下，局部扩大走廊，形成轮椅回转空间

图17.16　通行空间局部拓宽改造示意

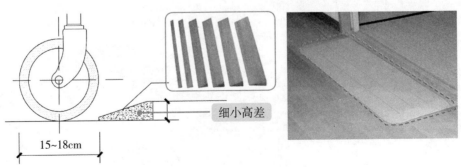

细小高差

15~18cm

图17.17　采用小坡道消除细小高差

针对卫生间不满足要求：若原有卫生间空间不足、厕位无法设置平开门，可采用折叠门或软质隔断，减少厕位门对空间的占用和干扰；若洁具周围无法安装固定扶手，可采用折叠扶手、可移动的扶手，或自带扶手的洁具，满足老年人撑扶的需要；在消除了地面高差的卫浴和清洁空间的门口内侧采用条形地漏，防止流水外溢。此外还可采用装配整体式无障碍卫生间，以便节约空间，并可有效地缩短安装周期。（图17.18）

- **原有用房室外场地不足的改造策略**

既有建筑改造类设施的原有用房受到用地条件的限制，往往没有室外空间或室外空间狭小，存在室外场地不足的问题。因此，在改造设计中应充分利用有限的用地和建筑界面，尽可能扩大室外活动场地，为老年人提供更多活动条件。具体的改造策略有：

具备屋顶改造条件时，可将原有屋顶改造为可上人屋面，成为老年人活动场地。位于屋顶的老年人活动场地应可无障碍通达，并有防止老年人坠落的安全装置。（图17.19）

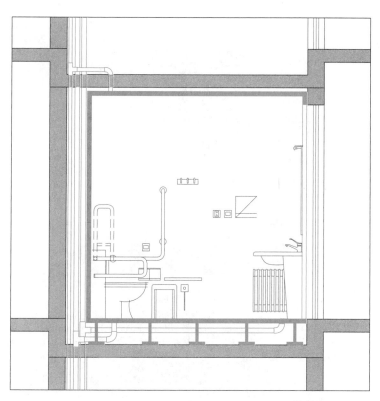
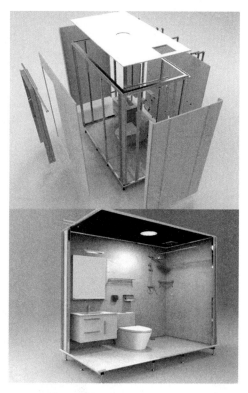

图17.18 装配式卫生间示意图

利用墙面、栅栏、廊架等界面设置绿化种植和康复装置，如：结合围墙和栅栏设置垂直绿化和灌溉装置，进行花草种植，拓展景观绿化；利用墙面铺设不同触感的材料，形成辅助老年人触觉训练的触摸墙。（图 17.20）

　　放大外廊和雨棚，形成可遮风雨的半室外休闲区，设置座椅供老年人闲坐、晒太阳和进行交流。还可做可封闭可开启的连廊，在夏季打开进行通风，冬季封闭保温。（图 17.21）

图 17.19　利用屋顶通设室外活动场地

图 17.20　利用垂直墙面营造立体景观

图 17.21　利用外廊和雨棚设置半室外休闲区

18. 绿色技术与智慧系统

为了保障社区养老服务设施的可持续发展，在设计阶段应充分考虑服务和运营的需要，结合现代科技的发展趋势，探索绿色、智慧等新技术的应用，降低运营成本，提高管理水平，为老年人提供长期、稳定的居家养老服务。

18.1 绿色技术与设备

社区养老服务设施应考虑采用绿色技术，实现节能环保目标，降低项目运营成本，为老年人提供健康、舒适、低耗、无害、可持续的养老服务空间，不同项目宜结合具体的建设条件，采用相应的绿色技术：

• 保证建筑结构安全耐久性

建筑结构应满足承载力和建筑全生命周期的使用功能要求。建筑外墙、屋面、门窗及外保温等围护结构应满足安全、耐久和防护的相关规定，如阳台、外窗、窗户、防护栏应提升安全防护措施；使用长寿命，耐腐蚀，抗老化，耐久性能好的管材、管线、部件；具有安全防护的警示和引导标识系统等。

• 做好建筑节能设计

对建筑的体形、平面布局、围护结构等进行节能设计，提高建筑的节能水平，降低运营阶段的能耗成本。如：合理布局建筑朝向，充分利用自然采光和通风；控制建筑体形系数、窗地比；围护结构采用有效的保温、隔热措施；在天窗、高窗和西晒的部分做好遮阳处理；选用LED节能灯具等。

• 利用可再生能源

结合项目所在地区的环境特点，充分利用太阳能、风能、水能、地热能等，减少对化石能源的消耗。如：园林灯和路灯可采用太阳能灯具；结合建筑立面和屋顶宜设置太阳能热水器、光电板；在厨房、卫生间屋顶等处设置无动力风帽；采用地源热泵、水源热泵、空气源热泵等。

• 提高建筑节水性能

选用节水型设备，建立雨水回收和中水利用系统，降低运营阶段的水耗成本。如：选用节水型卫生器具；场地、道路等表面选择透水较好的铺装材料；结合景观设计设置雨水收集池或雨水花园；利用中水冲厕、进行浇灌等。

• 引入装配式技术

对部分建筑构件和设备部品进行标准化、工业化，提高预制率，减少现场施工污染，节约资源和能源，提高材料利用率。如：统一老年人卫浴空间的尺寸和布局；采用集成式卫浴、集成式厨房；室内装修一体化等。缩短工期，减少环境污染并便于维修与更换。

• **注重建筑材料的环保性能**

采用可回收的建筑材料和低排放的室内装修材料。如：采用钢材作为主体结构，降低对环境的影响；采用无污染、环保性能好的装饰材料，保障老年人的身体健康。

18.2   智慧系统与设备

社区养老服务设施应考虑采用智慧系统，形成网络管理服务平台，管理各类数据，提高服务水平。智慧系统的服务对象既包括在设施中活动的老年人，又包括在社区里需要上门服务的老年人。不同项目宜结合具体的使用需求，选配针对必要的智慧系统：

• **行动安全监控系统**

可对老年人在设施中的活动进行实时监控，如通过无线定位和报警系统显示室内外各空间的使用状况，协助确定老年人的行动安全，并在发生安全问题时自动报警。（图18.1）

• **特殊照护人群防走失系统**

即针对认知症老年人等特殊照料人群进行防走失监控，如用可穿戴的定位和检测设备帮助服务人员确定特殊照护人群的所在位置，防止其发生迷路、走失等安全事故。（图18.2）

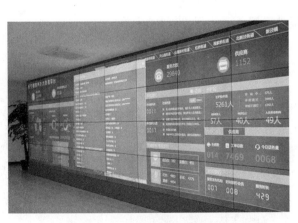

图18.1　设施内信息中控大屏

图18.2　各类智慧养老设备

- **安全呼叫系统**

即方便老年人在发生紧急状况时呼叫服务人员的装置，如采用穿戴式呼叫器，或安装在老年人居室和卫生间等重点空间的固定式呼叫器（按钮），帮助老年人及时通知服务人员并得到救助。（图18.3）

- **健康管理系统**

即结合物联网、云计算、大数据等信息交互多元化和新应用的照护及健康管理平台，对老年人的健康数据进行采集、分析和管理，以便提供针对性的服务。（图18.4）

- **居家监护及呼叫管理系统**

即结合物联网、云计算、大数据等信息交互多元化和新应用的服务管理平台，调动项目自身和社会的相关资源，为有需要的老年人提供针对性服务。

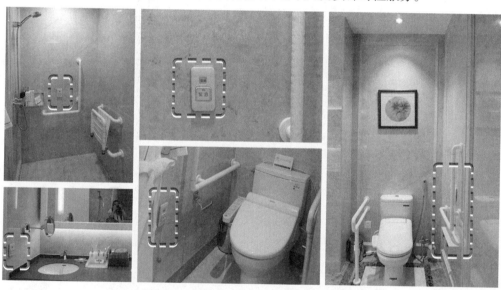

图18.3 老年人卫生间配备的呼叫设备

图18.4 照护和健康管理平台示例

19. 社区养老服务设施案例分析

　　为了帮助读者更加形象地理解社区养老服务设施的功能配置和空间设计，本部分选取了国内外一些不同规模、不同类型的社区养老服务设施的建筑实例，对其基本信息和设计特点进行分析，为读者提供参考和借鉴，本部分涉及的设施基本情况如下表所示：

表19.1　社区养老服务设施案例基本信息

设施名称	设施特色 （含周边环境、设置方式、设施规模、设施类型等）
中国·上海市 万科城市花园智汇坊养老设施	大型成熟社区内，独立设置的大型综合类社区养老服务设施
中国·北京市 椿树街道养老照料中心56号院	胡同四合院片区内，独立设置的中型综合类社区养老服务设施
日本·日野市 多摩平之森小规模多功能设施	公营住宅改造片区中，独立设置的小型综合类社区养老服务设施
德国·卡尔斯鲁厄市 圣安娜日间照料中心	养老设施专项用地内，与老年人公寓和长期照护设施结合设置的小型服务类社区养老服务设施
中国·北京市 中央党校有颐居养老照料中心	更新改造的老旧小区当中，与社区卫生服务站结合设置的中型入住类社区养老服务设施
日本·大阪市 结缘福养老设施	养老设施专项用地内，与老年人公寓结合设置的中型服务类社区养老服务设施

所在地点：上海市万科城市花园社区

设置方式：独立设置

建筑规模：1250m²

建筑层数：主体1层，局部2层

床 位 数：30床

主要功能：接待咨询、膳食供应、日间休息、文化娱乐、保健康复、个人照顾、辅
　　　　　具租赁、入住护理等

设施简介：

　　　本设施位于上海市一个建成于1994年的大型社区当中，社区内的老年人比例较
高，为满足日益增长的养老服务需求，社区将原来的会所改造为了社区养老服务设
施，主要面向居住在社区当中的老年人提供社区和居家养老服务。设施共划分为四
个主要功能区，东侧（含局部二层）为入住服务区，中部为日托服务区，西北侧紧
邻物业中心的部分为管理咨询区，西南侧为后勤服务区。各个功能区分别设置对外
出入口，具有明确独立的分区和动线，便于管理。与此同时，各分区内部又相互联
系，便于服务的开展和空间资源的共享。例如：白天日托服务区和入住服务区可共
享活动空间，而夜间入住服务区又可实现独立管理。设施利用较为有限的建筑面积
满足了多样化的社区养老服务需求，是社区融入型养老设施的典型案例，其设计经
验值得学习借鉴。

首层平面图

设置独立出入口
管理咨询区、日托服务区和入住服务区分别设置独立出入口，实现分区管理。

居住区和活动区相互连通
入住服务区和日托服务区内部设门相互连通，白天时可共享活动空间，夜间入住服务区可实现封闭独立管理。

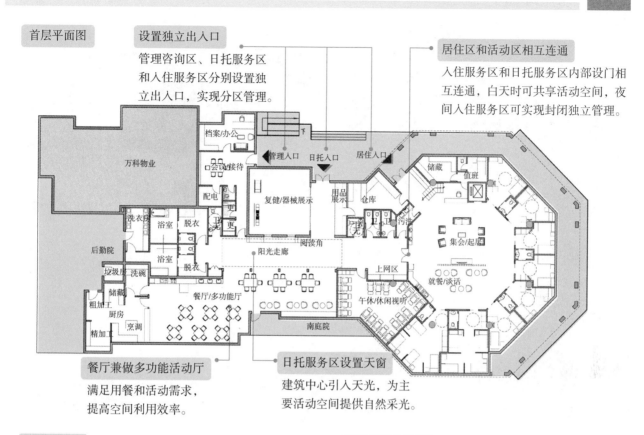

餐厅兼做多功能活动厅
满足用餐和活动需求，提高空间利用效率。

日托服务区设置天窗
建筑中心引入天光，为主要活动空间提供自然采光。

平面分区图

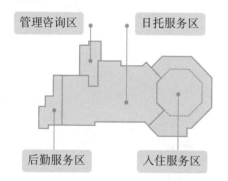

二层局部平面图

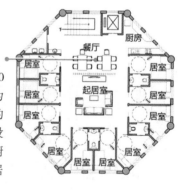

设置小型居住组团
2层居住组团可容纳10位老人。居室全部为单人间，具有较好的私密性。公共区域设有起居室、餐厅和厨房，营造家庭般的居住生活氛围。

设施主入口

周边社区环境

阳光走廊

临窗休息区

康复训练室

餐厅兼多功能活动厅

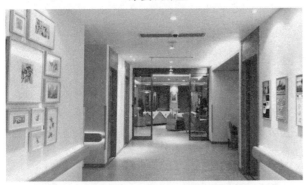
连接入住区与日托区的走廊

入住服务区首层起居厅

入住服务区二层起居厅

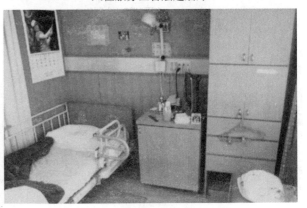
老年人居室

中国·北京市 | 椿树街道养老照料中心56号院

所在地点：北京市西城区椿树街道

设置方式：独立设置

建筑规模：380m²

建筑层数：1层

床位数量：10床

主要功能：接待咨询、膳食供应、日间休息、文化娱乐、保健康复、个人照顾、入
　　　　　户服务、入住护理等

设施简介：

　　本设施位于北京市中心城区，所在街道的人口老龄化程度高，高龄、独居老人
数量较多，长期照护需求大。街道利用腾退出的传统四合院为养老服务提供场地，
植入养老照料功能，立足社区，在照料收住老人的同时，也面向居家老人提供多方
面的服务。改造过程中通过加建四季厅作为公共空间，打破了传统养老设施的走廊
式布局，为老年人提供了适宜活动的大空间，同时也继承了传统四合院的空间格局，
营造出老年人熟悉的生活空间氛围。设施在保留老北京传统建筑风貌的同时，补充
了社区所缺失的养老服务功能，是旧城更新过程中值得参考借鉴的优秀案例。

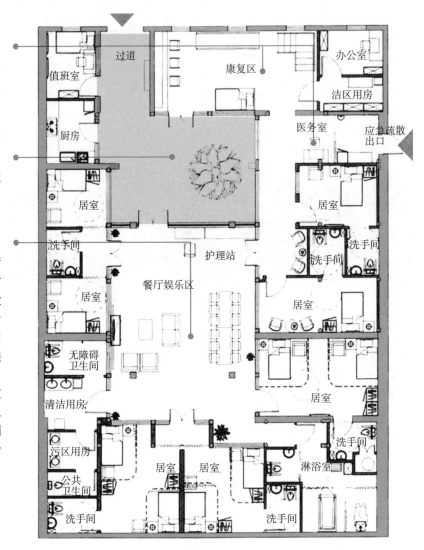

设施平面图

主入口

设医务室和康复区
面向入住老人和周边社区老人提供基础的医疗康复服务。

保留院落中的树木
营造四合院中大树下乘凉的生活氛围。

设置四季厅
利用院落空间设置四季厅作为公共活动空间，一方面供老年人进行就餐、做操、手工、看电视等活动，另一方面也通过室内空间将各个老人居室连接了起来。
四季厅采用较为通透的玻璃天窗，以尽可能地引入自然光线和院落景观，同时降低四季厅建筑体量给院落带来的压抑感受。

值班室
过道
康复区
办公室
洁区用房
厨房
医务室
应急疏散出口
居室
居室
洗手间
洗手间
洗手间
护理站
餐厅娱乐区
居室
居室
无障碍卫生间
清洁用房
污区用房
公共卫生间
居室
居室
淋浴室
洗手间
洗手间
洗手间

设施主入口

四季厅

四季厅全景

康复室

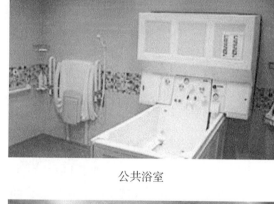

公共浴室

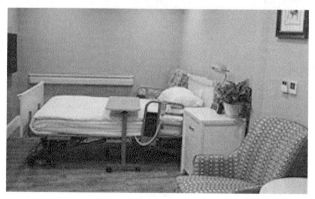

单人居室

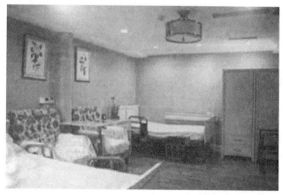

双人居室

所在地点：日本日野市多摩平

设置方式：独立设置

建筑规模：238m²

所在层数：地上1层

主要功能：膳食供应、日间休息、个人照顾、入户服务、入住护理

服务人数：7床（入住床位）25人（最多使用人数）

设施简介：

　　本设施位于日本多摩平地区的一个公营住宅改造片区当中，面向居住在周边住宅区和老年公寓当中的健康、失能和认知症老人提供日间照料、短期入住和上门服务。设施空间布局紧凑、功能集约，其中公共餐厅兼活动厅是入住老人和日间活动老人最主要的生活起居空间，此外还设有小厨房、卫生间、浴室、洗衣房、办公室和7间老人居室，小规模的居住单元营造了家庭化的生活氛围，也创造了老年人和护理人员亲如一家的亲密关系。作为日本典型的小规模多功能设施案例，这一设施对于我国社区养老服务设施的发展建设具有借鉴意义。

设施平面图

员工办公室
位于走廊尽端，供员工办公和夜间值班使用。

走廊兼作锻炼空间
沿走廊设置扶手，供入住老人进行步行训练。

洗衣房和浴室相邻布置
方便工作人员在完成助浴操作后就近清洗老年人换下来的衣物。

设置小厨房
临近餐厅设置小厨房，用于为老年人制作餐食。老人在活动过程中能够闻到烹饪食物的味道，也可参与到力所能及的家务劳动当中。

餐厅兼起居厅
供入住老人和日间活动老人集中开展用餐、做操等活动。

入口处设置办公区
工作人员在办公的同时能够观察到老年人在餐厅、起居厅、活动室和走廊当中的活动情况。

入口门廊设灰空间
供老人进行晨练等活动。

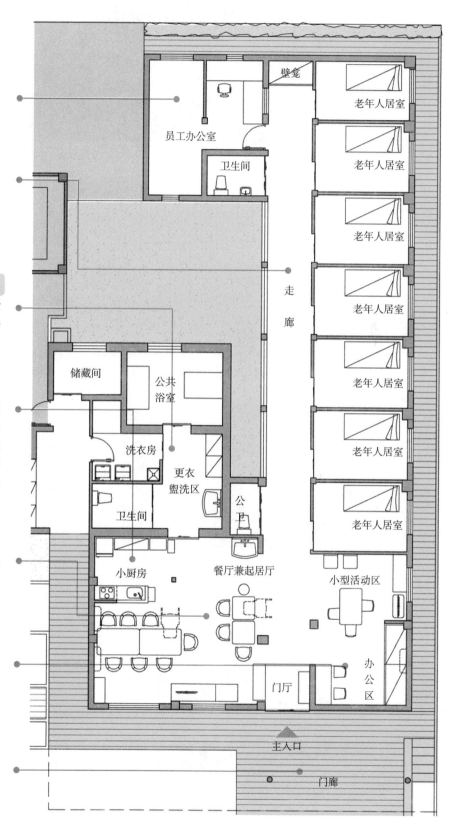

老年人在门廊处进行晨练活动

从左到右分别为小型活动区、办公区、设施入口、餐厅兼起居厅

餐厅和小厨房

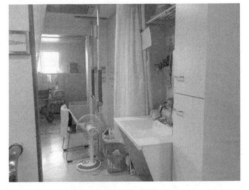

盥洗区和公共浴室

走廊

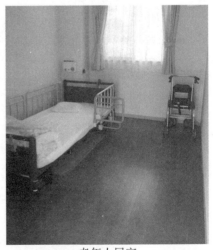

老年人居室

德国·卡尔斯鲁厄市 | 圣安娜日间照料中心

所在地点：德国卡尔斯鲁厄市
设置方式：与老年公寓和长期照料设施结合设置，设于养老护理设施首层
建筑规模：271m²
主要功能：日间休息、膳食服务、文化娱乐、个人照顾、交通接送
设施简介：

本设施位于德国卡尔斯鲁厄市中心区的一处养老服务综合体的首层，与长期照料设施和老年公寓共用一栋建筑。设施仅在工作日开放，面向周边社区的老年人提供早餐、午餐、日间活动、洗浴等服务，老年人可通过家人接送，或付费由设施派车接送往返设施。公共活动厅是老人们的主要活动空间，面向室外庭院设置大面积玻璃窗，引入自然光线和优美景色，活动厅划分为用餐区和休息区两部分，并在一角设有开放式厨房，老人可参与到餐食准备当中。除了公共活动厅，设施内还设有小活动室，供老人开展小规模的兴趣活动。此外，设施内还设有公共卫生间、助浴间、办公室等辅助功能空间。

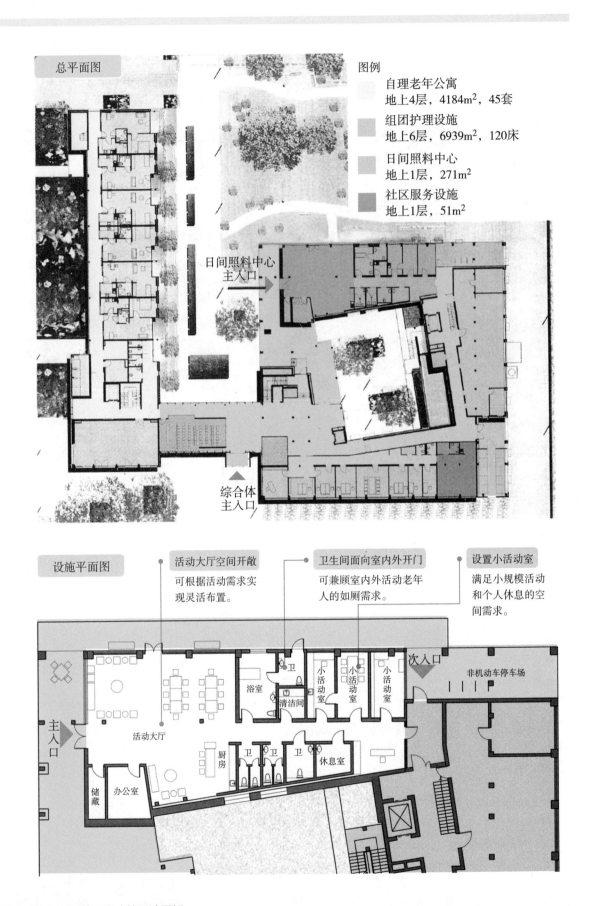

总平面图

图例
自理老年公寓
地上4层，4184m², 45套

组团护理设施
地上6层，6939m², 120床

日间照料中心
地上1层，271m²

社区服务设施
地上1层，51m²

日间照料中心
主入口

综合体
主入口

设施平面图

活动大厅空间开敞
可根据活动需求实
现灵活布置。

卫生间面向室内外开门
可兼顾室内外活动老年
人的如厕需求。

设置小活动室
满足小规模活动
和个人休息的空
间需求。

主入口

浴室

卫

清洁间

小活动室

小活动室

小活动室

次入口

非机动车停车场

活动大厅

厨房

卫 卫 卫

休息室

储藏

办公室

老人们在活动大厅开展活动

沙发休息区

卫生间面向室内外开门

开敞厨房

小活动室

所在地点：北京市海淀区大有北里社区

设置方式：与社区卫生服务站结合设置

建筑规模：1280m²

所在层数：地上3层，地下1层

主要功能：接待咨询、膳食供应、日间休息、保健康复、个人照顾、入住护理等

服务人数：28床（入住床位）

设施简介：

　　本设施位于北京市海淀区一个老旧小区当中，原为社区配套用房，为满足小区老年人日益增长的养老需求，借助老旧小区改造的契机，改造成为了社区养老服务设施和社区卫生服务站。设施所在建筑地上3层，地下1层，其中首层及地下一层设置社区卫生服务站，配有康复中心、中西药房、诊室、化验室、点滴室等为周边居民和本机构老人提供医疗和康复服务。建筑二至三层为养老照料中心，共设28张床位，提供长短期入住、日间照料、餐饮和洗浴等养老服务。居住单元采用组团式布局，每层设置划分为一个护理组团，组团内设有公共起居厅，供老人用餐和开展活动；老人居室类型包括双人间和四人间。将社区养老服务设施与社区卫生服务站结合设置，能够为入住老人和社区居民就近看病提供便利条件，这种建设模式值得提倡。

首层平面图

设置隔断门
划分社区卫生服务站和社区养老服务设施的分区，以方便管理。

康复室提供划分多个功能分区
用于开展运动康复、作业康复、理疗和传统中医康复治疗。

主入口
门厅
宣导展示
卫生间
挂号收费
卫生间
清洁间
候诊大厅
康复入口
器械康复室
针灸艾灸推拿按摩
理疗
西药房
全科诊室　全科诊室　中医诊室　预防保健
后勤入口

地下层平面图

设置煎药室
满足中草药的煎药需求。

临时会议区
可用作开会、员工用餐、临时办公等功能使用。

淋浴　女更衣　男更衣
煎药室
中药房
检验科
候诊区
弱电　卫生间
临时会议区养多功能室
储藏间
治疗准备室
输液室
办公室
药库
健康信息管理室　财务室　治疗室

设置临时隔断
划分对外服务区和后勤办公区。

二、三层平面图

双人间　双人间　双人间
双人间　四人间
走廊
洗衣房
公共起居厅兼日间照料
护理站
更衣室
卫生间
助浴间

卫生间两侧开门
满足助浴间洗浴老人和公共起居厅活动老人的使用需求。

公共起居厅兼日间照料空间
供入住老人和日间照料老人用餐和活动。

设置四人间
集中照护理程度较高的老人，以提高服务效率。

候诊区

中药房

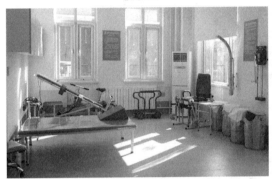

康复室

临时会议区兼多功能室

公共起居厅

公共浴室

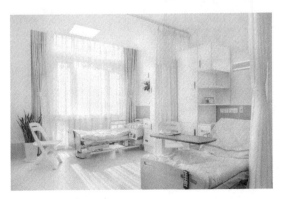

四人间

双人间

日本·大阪市 | 结缘福养老设施

所在地点：日本大阪市西淀川区

设置方式：与老年公寓结合设置

建筑规模：2615m²

　　　　　其中，社区服务功能510m²

主要功能：膳食供应、文化娱乐

服务人数：53套（老年公寓）20人（社区活动）

所在层数：地上1-3层

设施简介：

　　本设施位于成熟社区内的一处养老服务综合体内，建筑采用围合形的平面布局形式，由3栋3层的主体建筑和1栋1层的附属建筑组成。其中，A、B、C三栋主体建筑内共设有53间老年公寓居室，A栋首层东侧设有设施前台和多功能室，C栋东侧设有认知症老人照护之家，附属建筑主要功能为餐厅、图书室和仓库（夹层）。设施当中的餐厅、图书室和多功能室等公共活动空间除供老人使用外，还面向周边的社区居民开放，提供餐食并提供文化活动空间。其中，多功能厅会定期举办课程、演出等活动，是入住老人和周边社区居民重要的交流和活动场所。

内庭院设种植场地

可供老人开展园艺种植活动，让
老人从劳动中获得快乐和成就感。

多功能室空间灵活可变

通过设置充足的储藏空间和轻便
的组合家具，可满足课程、运动、
演出等多种活动的使用需求。

设置图书室

定期举办活动，增强老人
与社区居民，尤其是儿童
的交流，给老人带来欢乐。

餐厅采用开敞的布局形式

促进老年人和社区居民的互动交流，
增进邻里关系。老人们可以在餐厅里
一起劳作，共享劳动的喜悦。

餐厅面向社区开放

社区餐厅设置多个出入口，其中
主入口面向场地主入口，对周边
社区居民呈现开放、欢迎的姿态。

场地主入口

社区餐厅入口

社区餐厅

厨房

图书室

老人和儿童在图书室互动

多功能室

老人在多功能室上瑜伽课

社区餐厅面向庭院开门

庭院

20. 参考文献 / 附录

参考文献

政策法规

［1］张车伟 主编. 全国老龄委等部门关于全面推进居家养老服务工作的意见［Z］. 中国人口年鉴，2008.

［2］国务院. 国务院关于印发中国老龄事业发展"十二五"规划的通知 国发〔2011〕28号［EB/OL］.（2011-09-17）［2020-03-05］. http://www.gov.cn/zhengce/content/2011-09/23/content_6338.htm

［3］国务院. 国务院关于印发"十三五"国家老龄事业发展和养老体系建设规划的通知 国发〔2017〕13号［EB/OL］.（2017-02-28）［2020-03-05］. http://www.moe.gov.cn/jyb_xxgk/moe_1777/moe_1778/201703/W020170308487120195749.docx

［4］国务院办公厅. 国务院办公厅关于推进养老服务发展的意见 国办发〔2019〕5号［EB/OL］（2019-03-29）［2020-03-05］. http://www.gov.cn/zhengce/content/2019-04/16/content_5383270.htm

［5］民政部. 民政部关于进一步扩大养老服务供给 促进养老服务消费的实施意见 民发〔2019〕88号［EB/OL］.（2019-09-20）［2020-03-05］. http://www.mca.gov.cn/article/gk/wj/201909/20190900019848.shtml

［6］北京市民政局办公室. 北京市民政局 北京市财政局 北京市老龄工作委员会办公室关于印发《北京市2014年街（乡、镇）养老照料中心建设工作方案》的通知 京民福发〔2014〕36号［EB/OL］.（2014-01-22）［2020-03-05］. http://mzj.beijing.gov.cn/art/2014/2/3/art_6112_11464.html

［7］北京市人民政府. 北京市居家养老服务条例［EB/OL］.（2015-01-29）［2020-03-05］. http://mzj.beijing.gov.cn/art/2015/5/28/art_6112_11714.html

［8］北京市老龄工作委员会. 北京市老龄工作委员会关于印发北京市支持居家养老服务发展十条政策的通知 京老龄委发〔2016〕7号［EB/OL］.（2016-05-03）［2020-03-05］. http://mzj.beijing.gov.cn/art/2016/5/6/art_6112_11730.html

［9］北京市老龄工作委员会. 北京市老龄工作委员会印发《关于开展社区养老服务驿站建设的意见》的通知 京老龄委发〔2016〕8号［EB/OL］.（2016-05-14）［2020-03-05］. http://mzj.beijing.gov.cn/art/2016/5/18/art_6112_11724.html

［10］北京市民政局. 北京市民政局关于印发《社区养老服务驿站设施设计和服务标准（试行）》的通知 京民福发〔2016〕392号〔EB/OL〕.（2016-09-26）〔2020-03-05〕. http://mzj.beijing.gov.cn/art/2016/10/8/art_4536_9146.html

［11］北京市人民政府办公厅. 北京市人民政府办公厅关于印发《老旧小区综合整治工作方案（2018-2020年）》的通知 京政办发〔2018〕6号〔EB/OL〕.（2018-03-04）〔2020-03-05〕. http://www.beijing.gov.cn/zhengce/zhengcefagui/201905/t20190522_60968.html

［12］上海市老龄工作委员会办公室 上海市民政局. 关于推进老年宜居社区建设试点的指导意见 沪老龄办发〔2014〕10号〔EB/OL〕.（2014-08-01）〔2020-03-05〕. http://mzj.sh.gov.cn/gb/shmzj/node4/node179/n2486/n2491/n2493/u1ai40239.html

［13］上海市民政局. 上海市民政局关于印发《"长者照护之家"试点工作方案》的通知 沪民福发〔2014〕38号〔EB/OL〕.（2015-06-10）〔2020-03-05〕. http://mzj.sh.gov.cn/gb/shmzj/node4/node179/n2486/n2491/n2493/u1ai40240.html

［14］上海市老龄工作委员会办公室 上海市民政局. 关于加强社区综合为老服务中心建设的指导意见 沪老龄办发〔2016〕5号〔EB/OL〕.（2016-03-16）〔2020-03-05〕. http://mzj.sh.gov.cn/gb/shmzj/node8/node15/node55/node231/node279/u1ai42251.html

［15］上海市人民政府办公厅. 上海市人民政府办公厅关于转发市民政局制订的《上海市社区养老服务管理办法》的通知 沪府办发〔2017〕35号〔EB/OL〕.（2017-04-25）〔2020-03-05〕. http://www.shanghai.gov.cn/nw2/nw2314/nw2319/nw12344/u26aw52270.html

标准规范

［1］中华人民共和国住房和城乡建设部 中华人民共和国国家发展和改革委员会. 社区老年人日间照料中心建设标准 建标143—2010〔S〕. 北京：中国计划出版社，2011.

［2］中华人民共和国住房和城乡建设部. 老年人照料设施建筑设计标准 JGJ450—2018〔S〕. 北京：中国建筑工业出版社，2018.

［3］中华人民共和国住房和城乡建设部 中华人民共和国国家质量监督检验检疫总局. 建筑设计防火规范（2018年版）GB50016—2014〔S〕. 北京：中国计划出版社，2018.

［4］中华人民共和国住房和城乡建设部 中华人民共和国国家质量监督检验检疫总局. 无障碍设计规范 GB50763—2012〔S〕. 北京：中国建筑工业出版社，2012.

［5］国家市场监督管理总局 中国国家标准化管理委员会. 养老机构等级划分与评定 GB/T 37276—2018〔S〕. 北京：中国标准出版社，2019.

［6］中华人民共和国国家质量监督检验检疫总局 中国国家标准化管理委员会. 养老机构服务质量基本规范 GB/T 35796—2017〔S〕. 北京：中国标准出版社，2018.

［7］中国老年学和老年医学会，中国建筑学会适老建筑分会. 城市即有建筑改造类社会养老服务设施设计导则 T/LXLY0005-2020.

学术论文

［1］程晓青，吴艳珊，李佳楠，金爽.北京核心城区既有社区养老服务设施现况［J］.北京规划建设，2017（05）:36-43.

［2］程晓青，张华西，尹思谨.既有建筑适老化改造的社区实践——北京市大栅栏社区养老服务驿站营建启示［J］.建筑学报，2018（08）:62-67.

［3］胡燕，林文洁，郭华栋.北京老城社区养老设施改造研究——以椿树街道养老照料中心56号院为例［J］.建筑学报，2018（07）:37-41.

［4］程晓青，吴艳珊.北京市社区养老服务设施建设现状问题分析［J］.新建筑，2017（01）:35-39.

［5］程晓青.小题大做:胡同中的养老"院儿"——中国老城区养老宜居建设研究［J］.世界建筑，2015（11）:22-29+118.

［6］刘东卫，秦姗，樊京伟，伍止超.城市住区更新方式的复合型养老设施研究［J］.建筑学报，2017（10）:23-30.

［7］李佳婧.失智养老设施的类型体系与空间模式研究［J］.新建筑，2017（01）:76-81.

［8］+NEW OFFICE.多摩平之森互助之家，日野，东京，日本［J］.世界建筑,2015(11):64-69.

学术专著

［1］周燕珉，等.养老设施建筑设计详解1［M］.北京：中国建筑工业出版社，2018.

［2］周燕珉，等.养老设施建筑设计详解2［M］.北京：中国建筑工业出版社，2018.

［3］程晓青.北京市养老设施建筑环境分析［M］.北京：华龄出版社，2018.

［4］［美］维克托·雷尼尔，著.老龄化时代的居住环境设计——协助生活设施的创新实践［M］.秦岭，陈瑜，郑远伟，译.北京：中国建筑工业出版社，2019.

［5］中国建筑标准设计研究院.14J819.社区老年人日间照料中心标准设计样图［M］.北京：中国计划出版社，2015.

附录　常见的适老化设备

随着养老产业的发展，越来越多的商家推出了改善老年宜居环境的适老化设备与产品，社区养老服务设施在建设过程中可以选择部分设备，解决因空间改造困难造成的无障碍设计缺陷，提供符合老年人身心特点和使用需求的产品。目前常见的适老化设备有：

● 无障碍升降设备

轮椅升降机：为一种小型无轿厢、平台式电梯，方便人员站立或乘坐轮椅在高差之间垂直升降。一般可用于在小于3米的高差处升降；由于体型较小，占用空间小，可有效应对高差处空间不足的局限。（附图1）

座椅电梯：为一种安装在楼梯侧面的座椅式电梯，方便人员就座并在高差之间升降。对高差大小没有明确限制，可拐弯转向，适用于在多段楼梯处升降；由于需要在楼梯扶手或墙体处安装轨道，占用楼梯的通行宽度，因此仅用于通行宽度充足处。（附图2）

斜挂式平台电梯：为一种安装在楼梯侧面的平台式电梯，方便乘坐轮椅的人士在高差之间通行。适用于在一段直行楼梯处升降；由于需要在楼梯扶手或墙体处安装轨道，占用楼梯的通行宽度，因此仅用于通行宽度充足处。（附图3）

● 细小地面高差消除设备

段消差：为一种安装在地面细小高差处的成品小坡道，能够使高度差变为一个缓缓的坡度，方便人员、轮椅和室内车辆自由通行，避免老年人被绊倒摔伤。适用

附图1　轮椅升降机　　　　　　　　　　　　　附图2　座椅电梯

于不大于50mm的细小高差、门槛处；为EVA材质，防滑耐磨，可切割，安装方便；设计感强，能与居家装饰风格协调。（附图4）

● **各类扶手**

壁装式实木扶手：实木制作的扶手类型，断面一般为圆棒形，一侧设置有防滑凹槽，握持稳定性高，表面装饰为防滑高光漆，材质精细。有多种形式（I/L型），并可根据需要切割组合。常安装在室内墙面上，如走廊、卫生间干区等处，老年人可依扶其站立、转身等，保持身体平衡稳定，降低跌倒、摔倒的风险。一般有多种颜色可供选择，能与居家装饰风格协调。（附图5）

卫浴壁装式树脂扶手：ABS/尼龙材料制作的扶手类型，内衬部分为优质不锈钢材质，具有环保、抗菌、耐腐蚀、耐火、耐磨等性能，结构精致稳固，有多种形式（I/L型）。常安装在洗浴空间或潮湿处的墙面上，表面有防滑凸起，满足遇水防滑的需要，老年人可依扶其站立、转身等，保持身体平衡，降低跌倒、摔倒的风险。有多种颜色可供选择。（附图6）

据置扶手：自带底板、不需要固定在墙面上的扶手类型，采用实体钢材作为配重，以便保证扶手的稳固性。有多种形式，如：底板设置在扶手一侧的单边据置扶手、底板设置在扶手两侧的中立式据置扶手和底板带凹槽的坐便器据置扶手。扶手有三档撑扶，适于不同身高的人使用，还可自带夜光条带，以便老年人在夜晚也可方便准确地找到扶手。常用于老年人居室和卫生间，且不具备安装壁装式扶手处，底板可插入床下、沙发下或坐便器下，作为床边围挡和助起扶手，方便老年人起坐

附图3　斜挂式平台电梯

附图4　段消差

时撑扶，防止坠床、跌倒。（附图7）

壁装式折叠扶手：一般设置在卫生间坐便器处，有助起和姿态保持功能，可以保障老年人如厕时身体前倾支撑、重心稳定，保持有利的姿态，并方便老年人起坐时撑扶助力，防范可能发生的摔倒风险。用于老年人卫生间，由于其可收折，对空间影响较小，可用于空间受限处，表面为耐水防菌树脂，可设置于潮湿空间。由于其有最大承重要求，选用时需注意。（附图8）

壁装式置物板扶手：为带置物板的壁装式扶手，由水平置物板和竖直扶手组成，既可方便老年人临时放置手机等小物品，又可保障老年人起坐时撑扶助力，防范可能发生的摔倒风险。常用于老年人卫生间坐便器处，由于其造型更像家庭装修的样式，可更好地突出社区养老服务设施的居家感。（附图9）

马桶助力架：设置在卫生间坐便器处的无固定式扶手，扶手可向上折叠，方便老年人如厕时的姿态保持和起坐时撑扶助力，并不影响其通行。扶手高度可调节，适合不同身高的人使用。适用于老年人卫生间坐便器处，适宜空间宽750mm，进深不小于900mm，表面为耐水防菌树脂，可设置于潮湿空间。由于其有最大承重要求，选用时需注意。（附图10）

电动马桶助力架：为设置在卫生间坐便器处的可升降式扶手和坐便圈，可电动

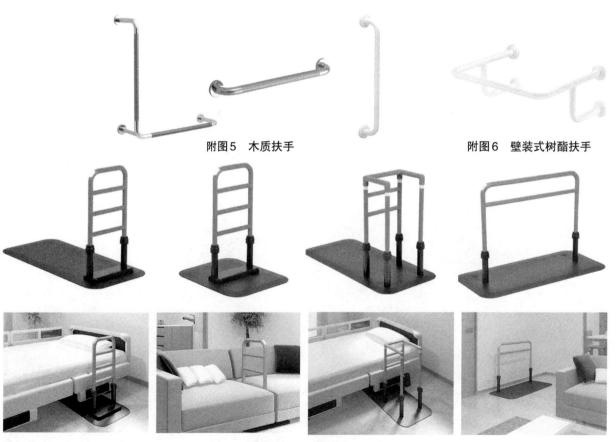

附图5　木质扶手　　　　　　　　　　　附图6　壁装式树脂扶手

附图7　据置扶手

调节高度，扶手和便座圈一起升降，帮助老年人减轻起身时的膝部压力，稳固耐用。扶手高度可以分为2档进行调节，每档的调节间隔局里为50mm，适合不同身高的人群使用。适用于老年人卫生间坐便器处，设计简约、紧密，可设置在狭小的卫生间中。由于其有最大承重要求，选用时需注意。

- **安全的沐浴辅助设备**

折叠沐浴椅：可折叠的沐浴椅，坐垫和椅背为EVA材质，缓解入座时的疼痛和

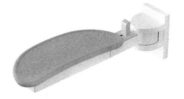

附图8　壁装式折叠扶手

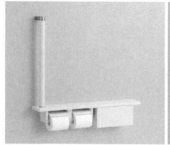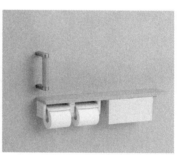

附图9　壁装式置物板扶手

附图10　马桶助力架

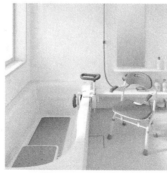

附图11　折叠沐浴椅

冰冷感，耐水性好。腿的防滑和耐磨性强，安全稳固，可方便拆卸。扶手可掀起，起身入座更方便。适用于老年人洗浴空间，可方便老年人坐姿沐浴，椅子的高矮可以调节，适合不同身高的人使用。（附图11）

U形凹槽沐浴椅：座位处带U形凹槽的沐浴椅，坐垫和椅背为EVA材质，缓解入座时的疼痛和冰冷感，耐水性好。腿的防滑和耐磨性强，安全稳固，方便拆卸。扶手可掀起，起身入座更方便。适用于老年人洗浴空间，可方便老年人坐姿沐浴，U形凹槽可方便坐着用喷头清洗下身，椅子的高矮可以调节，适合不同身高的人使用。（附图12）

旋转沐浴椅：座位下带有旋转杆的沐浴椅，坐垫和椅背为EVA材质，缓解入座时的疼痛和冰冷感，耐水性好。腿的防滑和耐磨性强，安全稳固，方便拆卸。扶手可掀起，起身入座更方便。适用于老年人洗浴空间，可方便老年人坐姿沐浴，方便自由调节方向，灵活使用。由于其有最大承重要求，选用时需注意。（附图13）

如厕沐浴轮椅：可用于如厕、沐浴的轮椅，座椅为U形，如厕时可直接推至马桶上方如厕，沐浴时方便清洗下身。车架为铝合金材质，防水耐用。座椅高度可以调节、扶手可抬起、把手前方有支撑，可有效提供支撑保护。脚踏板可翻起也可摘下，方便移乘。适用于老年人卫生间和洗浴空间，可方便老年人直接乘坐轮椅如厕和沐浴，使用方便。（附图14）

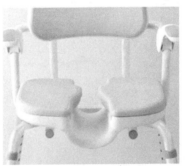

附图12　U型凹槽沐浴椅

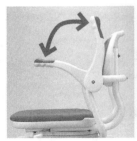

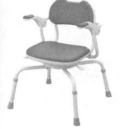

附图13　旋转沐浴椅　　　　　　　　　　附图14　如厕沐浴轮椅